杨梅 枇杷 樱桃

常见病虫害种类及其无害化治理

张 斌 耿 坤 编著

U0238342

中国农业出版社

特 别 致 谢

本书的撰写得到了贵阳市科技计划项目“贵阳市特色果业关键技术研究与示范”[筑科农(2007)17号]的资助。

前　言

QIANYAN

杨梅、枇杷和樱桃是贵州省主要的特色果树。近年来，随着农业产业结构的调整，种植面积不断增加，其中杨梅种植面积近7 300公顷，枇杷种植面积近9 140公顷，樱桃种植面积近11 000公顷，已成为贵州省具有资源优势的果树品种。

随着果树种植面积的扩大，原来零星栽培已转变为集约连片栽培，而产地品种单一化、种植密度加大、病虫抗药性上升，明显改变了果树病虫害的生态环境，致使其种群动态发生了较大的变化。通过调查，我们发现了一些新的重要病虫害，一些过去的次要病虫害上升为主要病虫害，而一些曾被控制的病虫害又再度猖獗。此外，一些局部零星发生的病虫害已成为生产上的普遍问题，加之种植者因识别诊断有误，或防治措施不当，给生产造成较大的损失，同时也给果品安全带来了隐患。因此，及时、准确地鉴定与识别这些病虫害并进行有效防治，已成为果树生产上亟须解决的重大问题。近年来，随着人们食品安全意识的不断提高，无公害、绿色、有机等理念已深入人心，人们对果品不仅看外观，更注重质量是否安全，如何避免果品中的各种污染，保证果品食用安全，已成为社会关注的热点。

无害化治理技术是指利用农业、生态、物理、生物等病虫害综合治理措施，来保障农业生产安全、农产品质量安全和生态环境安全。主要是指以频振式杀虫灯、诱虫色板、性诱剂、生物防治和生态控制等技术为主，化学防治技术为辅的治理技术。

为了更好地服务“三农”，满足水果安全生产的需要，经济有效地控制病虫为害，提高果品的安全优质程度，实现农业增效、农民增收，2008—2011年，贵阳市植保植检站实施了“贵阳市特色果业主要有害生物与无害化治理技术研究应用”项目。项目实施4年来，课题组在此期间对贵阳市杨梅、枇杷及樱桃主产区有害生物开展了大量的调查及研究工作。2011—2013年课题组又分别对黔东南苗族侗族自治州、黔西南布衣族苗族自治州、黔南布衣族苗族自治州、遵义市、毕节市等杨梅、枇杷、樱桃主产区有害生物开展了调查研究工作。通过对近 6 年贵州省杨梅、枇杷、樱桃病虫害研究资料的整理和总结，以体现研究成果，以及在试验示范等的基础上，借鉴前人的研究成果编撰了《杨梅 枇杷 樱桃常见病虫害种类及其无害化治理》一书。本书收集了杨梅、枇杷、樱桃上常见的病虫害121种，其中杨梅病害14种、害虫27种；枇杷病害18种，害虫28种；樱桃病害16种，害虫18种，并附图片近200张（其中2张枇杷桃蛀螟幼虫为害状图片由兴义市植保植检站提供、2张樱桃膏药病发生症状图片分别由赫章县植保植检站、纳雍县植保植检站提供，其余均为编著者拍摄）。病害着重介绍病原、病害识别、发生特点及无害化防治方法。害虫主要介绍害虫学名、为害特征、形态特征、生活习性及无害化防治方法。该书的编写力求技术先进实用、内容科学简要、文字通俗易懂、图片典型逼真，以适应读者简明、快速、准确的鉴别病虫害和适时开展无害化治理的需要。

本书在编撰过程中，得到了贵阳市农业委员会、贵阳市科学技术局、贵州省植保植检站、贵州省植物保护研究所、贵州大学农学院、黔西南州植保植检站、毕节市植保植检站、开阳县植保植检站、乌当区植保植检站、修文县植保植检站等单位领导及专家的关心和支持，也得到了北京市植物保护站陈笑瑜老师及中国农业出版社张洪光老师、郭晨茜老师的帮助，在此一并致谢。

本书的撰写虽然经历了较长时间，但由于编著者水平有限，书中难免存在诸多不足之处，恳请专家、同行及广大读者批评指正，以便进一步修订、完善。

张 斌

2014年11月于贵阳

目　录

MULU

枇杷篇

樱　桃　篇

杨　梅　篇

一、杨梅病害

（一）侵染性病害

1.癌肿病

病原：*Pseudomonas syringae* pv. *myricae*，属薄壁菌门假单胞菌属。

病害识别：主要为害杨梅枝干。发病初期在枝干上产生小突起，表面光滑，后渐扩展成肿瘤，表面凹凸不平（图1），木栓质变坚硬，呈褐色或黑褐色，严重时造成枝干枯死。

发生特点：病原菌在病枝肿瘤组织中越冬，翌年春天若湿度大，肿瘤表面溢出菌脓，借风雨传播，从寄主叶痕或伤口处侵入，潜伏期20 ~ 30天，发病后又产生菌脓，不断进行再侵染。5 ~ 6月雨水多的年份易发病，管理粗放、排水不良的果园发病重。

图1　癌肿病症状

防治方法：

（1）农业防治　一是禁止从病区调入苗木，禁止调运带有病原菌的接穗，选用无病苗木；二是冬季清园时，剪除病枝并烧毁，并在伤口处涂抹药剂；三是对发病重的植株，直接挖除，并用生石灰对土壤进行消毒处理。

（2）化学防治　在3～4月，可选用20%溴硝醇可湿性粉剂1 000倍液、72%农用硫酸链霉素可溶性粉剂1 000倍液喷雾、灌根以及涂伤口等。

2.褐斑病

病原：*Mycosphaerella myricae* Saw.，属子囊菌门球腔菌属。

病害识别：主要为害杨梅叶片，引起落叶并使花芽和小枝枯死，严重影响树势和产量。病原菌主要以雨水传播，病症出现时，开始在叶面出现针头大小的紫红色小点（图2），后逐渐扩大呈近圆形或不规则形，直径4～8毫米。病斑中央红褐色，具褐色或灰褐色边缘，后期病斑中央变成浅褐色或灰白色，其上散生黑色小粒点，多数病斑相互连接形成较大的斑块，致使病叶干枯脱落。

图2　褐斑病症状

发生特点：该病病原菌以孢子囊在病残体中越冬，翌年雨水、温度适宜时萌发成子囊孢子，借雨水传播，经叶片气孔或伤口侵入。排水不畅的果园及树势较弱的植株发病重。

防治方法：

（1）农业防治　冬季清园，清扫果园落叶，摘除病叶，带出园外集中烧毁。

（2）化学防治　发病初期，可选用80%硫黄水分散粒剂800倍液或45%咪鲜胺乳油1 000倍液或70%丙森锌可湿性粉剂600倍液进行喷雾。发病期可选用24%腈苯唑悬浮剂3 000倍或43%戊唑醇悬浮剂2 500倍液或50%多菌灵可湿性粉剂600 ～ 800倍液或70%甲基硫菌灵可湿性粉剂600 ～ 800倍液。

3. 赤衣病

病原：*Corticium salmonicola* Berk. et Br.，属担子菌门。

病害识别：该病为害杨梅枝干，以主枝、侧枝发病较多，一般多从分枝处发生。发病后的明显特征是病组织覆盖一层薄的粉红色霉层（图3）。

图3　赤衣病症状

发生特点：病原菌以菌丝在病部越冬，翌年春季气温回升时恢复活动，并开始向四周蔓延扩展，不久在老病斑边缘或病枝干向光面产生粉状物，病原菌通过风雨传播，从杨梅伤口侵入为害。该病一般从3月下旬开始发生，5 ～ 6月为盛发期，11月后转入休眠越冬，存在两个发病高峰期（5月下旬至6月上旬和9月上旬至10月上旬）。病害的发生与温度及降水量有密切关系，7 ～ 8月高温干旱季节发病减轻。气温在20 ～ 25℃时菌丝扩展迅速，4 ～ 6月温暖多雨季节发病严重。树龄大、管理粗放的杨梅园发病较重。

防治方法：

（1）农业防治　结合冬季清园修枝，使杨梅园通风透光，多施有机肥，避免杨梅园积水。

（2）化学防治　发病初期选用43%戊唑醇悬浮剂2 500倍液或

75%肟菌·戊唑醇水分散粒剂3 000倍液或24%腈苯唑悬浮剂3 000倍液喷施。

4.腐烂病

病原： *Cytospora leucostoma*，无性型真菌。

病害识别： 该病引起杨梅植株主干皮层腐烂，病部以上枝条枯死，以杨梅主干分权处较常发病（图4），初期病斑呈红褐色，病部组织松软，稍隆起，皮层腐烂，后期呈深褐色，病部皮层失水干裂，有黑色颗粒状物（病原子实体）。

图4 腐烂病症状

发生特点： 病原菌以菌丝体、子囊壳及分生孢子器在病残体中越冬，翌年借风雨、昆虫传播。

防治方法：

（1）农业防治 加强栽培管理，增施有机肥、钾肥，增强树势。

（2）化学防治 发病初期可用50%多菌灵可湿性粉剂600 ～ 800倍液或70%甲基硫菌灵可湿性粉剂800倍液或43%戊唑醇悬浮剂2 500倍液进行喷雾。

5. 锈病

病原：*Caeoma makinoi* Kusano，属担子菌门。

病害识别：杨梅芽、花、叶、枝梢均可发病，受害树提早开花，花量明显减少；发病植株刚产生新芽就着生橙黄色小粒点，破裂后从中散发橙黄色粉末。花器受害时，常还原成叶形，且多呈肥厚的肉质片，上面着生橙黄色病斑，肉质叶不久腐烂掉落。病树结果少或结小果，而且前期大量落花，中后期又大量落果。该病对老龄树为害较重。

发生特点：病原菌以菌丝在病残体中越冬，翌年由菌丝侵入为害。3月中旬至4月上旬为发病高峰期。

防治方法：

（1）农业防治　果园增施有机肥，以提高抗病能力。

（2）化学防治　杨梅萌芽期喷波美4度石硫合剂；结果期可用43%戊唑醇悬浮剂2 500倍液，或75%肟菌·戊唑醇水分散粒剂3 000倍液，或24%腈苯唑悬浮剂3 000倍液喷施。

6. 根腐病

病原：有性阶段为*Botryosphaeria dothidea* (Moug.) Ces. & de Not，属子囊菌门；无性阶段为*Dothiorella* sp.。

病害识别：表现的症状有急性青枯型和慢性衰亡型。急性青枯型：病树初期症状不明显，在树体枯死前2个月才表现出叶色褪绿、失去光泽，树冠基部部分叶片变褐脱落，如遇高温天气，树冠顶部部分枝梢出现失水萎蔫，但次日清晨又能恢复。在6月下旬至7月下旬如气温剧升，常会引发树体急速枯死，枯死的病树叶色淡绿，并陆续变红褐色脱落，偶剩少量绿色枯叶，但翌年不能萌芽生长；慢性衰亡型：发病初期秋梢很少抽生或不抽生，地下部根系须根逐渐变褐腐烂，后期叶片变小，树冠下部叶片大量脱落，在落叶的枝梢上常有簇生的盲芽，在高温干旱季节的中午，树冠顶部枝梢呈萎蔫状，最后叶片逐渐变红褐色而干枯脱落，枝梢枯死，树体有半株枯死或全株枯死。

发生特点：该病从根系细根开始发病，后扩展至侧根、主干，进入木质部维管束，维管束变褐坏死，导致树体衰败直至枯死。

防治方法：可在根部土壤施用杀菌剂，可选择20%溴硝醇可湿性粉剂1 000倍液、1.5%噻霉酮水乳剂1 000倍液灌根进行防治。

7.炭疽病

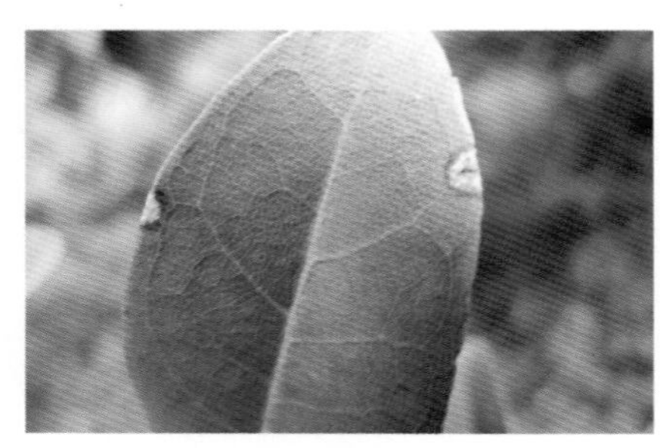

图5　炭疽病初期症状

病 原：*Glomerella mume*(Hori) Hemmi.，属子囊菌门。

病害识别：叶片、新梢、果实均可发病，叶片受害初期形成圆形灰白色病斑（图5），后逐渐扩大，多个病斑连接形成不规则形病斑，病斑中央易破裂形成穿孔。嫩梢受害后，布满病斑点，果实受害后，果实逐渐腐烂，该病发生严重时会引起大量落叶、光枝及落果。

发生特点：病原菌以孢子和菌丝体在被害植株的嫩梢上越冬，翌年再传播为害。

防治方法：

（1）农业防治　一是冬季清园修剪时，剪除病枝、摘除病叶、清扫落地叶片，带出园外烧毁，减少病原基数；二是增施有机肥，少施氮肥，以提高抗病能力。

（2）化学防治　春季萌芽前施1次0.136%芸薹·吲乙·赤霉酸可湿性粉剂10 000倍液，发病初期可选用45%咪鲜胺乳油900倍液或40%腈菌唑可湿性粉剂5 000倍液进行喷施。

8.白腐病

病原：*Trichoderma viride* Pers.，无性型真菌。

病害识别：发病初期仅少数肉柱萎蔫，后蔓延至半果或全果，果实软腐，并在果实表面产生许多白色霉状物，并伴有腐烂的气味。

发生特点：病原菌在腐烂果或土壤中越冬。杨梅成熟后，雨水多则发病重。

防治方法：春季萌芽前施1次0.136%芸薹·吲乙·赤霉酸可湿性粉剂10 000倍液，在果实硬核期到转色期喷施70%甲基硫菌灵可湿性粉剂800倍液。果实成熟后，及时采收。

9. 干枯病

病原：*Myxosporium corticola* Rostr，属子囊菌门。

病害识别：该病主要为害枝干，发病初期病部多为不规则病斑，后逐渐凹陷成带状条斑，病健部有明显的裂痕，发病后期病部表层下及裂缝处有多个黑色小点，即分生孢子盘，发病严重时，植株木质部腐烂，当病部环绕枝干1圈时，枝干枯死。

发生特点：病原菌一般从伤口侵入，多以长势差的植株发病，发病程度与树势密切相关。

防治方法：

（1）农业防治　加强栽培管理，及时增施有机肥及钾肥，增强树势，同时在农事操作时，避免损伤树皮。

（2）化学防治　春季萌芽前，施1次0.136%芸薹·吲乙·赤霉酸可湿性粉剂10 000倍液，增强树势；发病初期及时刮除病斑，伤口施用50%多菌灵可湿性粉剂600倍液。

（二）非侵染性病害

1. 梢枯病

病害识别：明显特征是叶小、新枝簇生、梢尖枯萎、新枝抽发较正常树晚，不结果或结果少（图6）。

图6　枯梢病症状

发生特点：主要是土壤中有效硼含量较低引起。

防治方法：

（1）农业防治　结合施基肥、追肥，撒施硼肥或浇灌含硼较高的冲施肥，叶面喷雾选用15%流体硼酸胺。

（2）化学防治　在冬季清园后及新梢萌发时喷施1次0.136%芸薹·吲乙·赤霉酸可湿性粉剂10 000倍液。

2. 肉柱坏死病

病害识别：发病初期表现为幼果表面破裂，果肉呈不规则凸出，并且失水绽开，裸露的核面褐变，随着果实成熟，果面蝇虫吮汁，鲜果不能食用。一般长势过旺的树冠中下部或长势过弱、结果较多的杨梅树发病严重，其果实提早脱落。轻度发病的杨梅树，果实商品性下降。

防治方法：

（1）农业防治　加强栽培管理，采果后及时增施有机肥和钾肥，以增强树势。

（2）化学防治　在杨梅花前、谢花后及果实膨大初期各施1次0.136%芸薹·吲乙·赤霉酸可湿性粉剂10 000倍液。

3. 肉葱病

病害识别：发病初期，在幼果表面出现破裂，绝大多数肉柱

图7　肉葱病症状

萎缩（图7），少数正常发育的肉柱显得长且外凸，状似果实上的小花；或绝大多数肉柱正常发育，少数肉柱发育过程中与种核分离而外凸，并且以种核嵌合线上的肉柱分离为多，成熟后色泽变为焦黄色或淡黄褐色，形态干瘪。

发生特点：一般长势过旺的树冠中、下部，或树势健壮却结果较多的树，或褐斑病发生较多的衰弱树为害严重。

防治方法：

（1）农业防治　加强培育管理，应在立春和采果后，及时增施有机肥和钾肥，增强树势，提高树体抵抗力，树势健壮的杨梅树，应在生长季节，人工疏剪树冠顶部直立或过强的春梢约1/3，使树冠中、下部通风透光。

（2）化学防治　在杨梅花前、谢花后及果实膨大初期各施1次0.136%芸薹·吲乙·赤霉酸可湿性粉剂10 000倍液，增强树势，提高植株抗病能力。

4. 裂核病

病害识别：有裂果与裂核两种方式，一般以横裂为主，纵裂为次。横裂以裸露的核为缺口，肉柱向两头断裂成团，且上部肉柱组织松散，下部肉柱组织仍然致密，外露的核呈褐色；纵裂果以肉柱左右上下无规则松散开裂，果核大面积外露，失水干枯，是肉葱病肉柱坏死衍发的结果。裂核以缝合线处开裂占绝大多数，核和核仁变成灰色的干枯果掉落在地上，核仁干枯（图8和图9）。

图8　裂核病初期症状

图9　裂核病后期症状

发生特点：发病初期一般始于5月上旬，5月中下旬为盛发期。

防治方法：与肉葱病相同。

5.小叶病

病害识别：发病植株从枝条顶端抽生短而细小的丛簇状小枝，一般8～10个，多者15个（图10），主梢顶部枯焦而死，植株枝梢生长停止期提前，病枝节间缩短，叶数减少，叶片短狭细小，叶面粗糙，叶肉增厚，叶脉凸起，叶柄及主脉局部褐色木栓化或纵裂。远看呈焦黄色。

图10　小叶病症状

发生特点：该病是由于杨梅树体缺锌而引起的，多发生在树冠顶部，中下部枝叶生长正常。

防治方法：

（1）农业防治　加强培育管理，土壤切忌偏施、多施磷肥。

（2）化学防治　开花抽梢期（3～4月），剪去树冠上部的小叶和枯枝，并喷施0.136%芸薹·吲乙·赤霉酸可湿性粉剂，增强树势。

二、杨梅害虫

1.黑腹果蝇

学名：*Drosophila melanogaster* Meigen，属双翅目果蝇科。

为害特征：在杨梅成熟采收期，雌性果蝇产卵于杨梅果实乳柱上，孵化后的幼虫蛀食果实，受害果果汁外溢，果肉稀软，品质变劣，造成熟果大量掉落，产量下降，采收后果实保存期缩短，严重影响杨梅的鲜销和加工。

形态识别：

成虫：体长约5毫米。成虫体型较小，体长3～4毫米，淡黄色，尾部呈黑色；头部具有许多刚毛；触角3节，呈芒羽状，有时呈梳齿状，复眼鲜红色，翅很短，前缘脉的边缘常有缺刻（图11）。

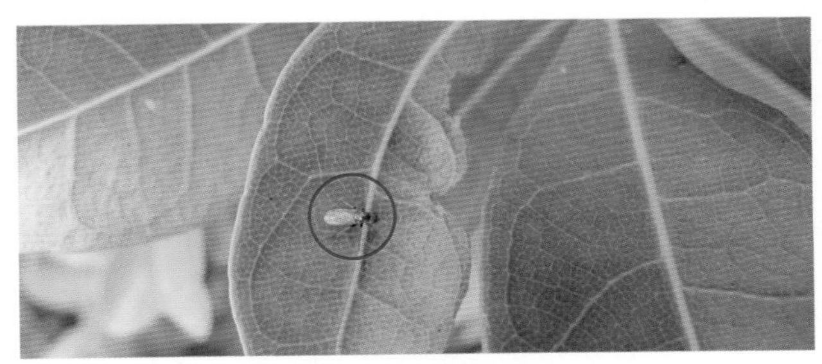

图11　黑腹果蝇成虫

卵：长约0.5毫米，白色。

幼虫：三龄幼虫约4～5毫米，其一端稍尖为头部，上有一黑色口钩（图12）。

蛹：梭形，初呈淡黄，后变深褐色，前部端有2个呼吸孔，后部有尾芽。

生活习性：黑腹果蝇在贵州地区可终年活动，世代重叠，无严格越冬过程，发生数量和杨梅果实的成熟度密切相关，随着杨梅果实成熟度的上升，成虫数量随之上升，为害也呈加重趋势。

图12　黑腹果蝇幼虫

防治方法：果蝇的防治应以农业防治为基础，综合利用物理防治和生物防治手段。

（1）农业防治　摘除受害果实，清理落地残果，清除园内杂草，破坏果蝇栖息的生态环境。

（2）物理防治　利用成虫的趋化性，杨梅园内放置糖醋液诱剂或香蕉诱剂，诱杀果蝇，可选用的配方有红糖：醋：酒：敌百虫晶体水溶液＝5 ： 5 ： 5 ： 85。

（3）化学防治　可在杨梅成熟期前用低毒低残留的1.8%阿维菌素喷洒落地果，并及时清理，或用50%辛硫磷乳油 1 000倍液对地面喷雾处理。

（4）生物防治　保护捕食性天敌或引进寄生性天敌，如保护蜘蛛和蚂蚁等天敌，果蝇幼虫出果后和跌落地面化蛹前，常被蚂蚁取食。

2.梨二叉蚜

学名：*Schizaphis piricola* Matsumura，属半翅目蚜科。

为害特征：当春天杨梅嫩芽开放后，钻入芽间及花蕾缝隙中为害，展叶后群集于叶面刺吸汁液（图13），受害叶片两侧边缘向正面纵卷。蚜虫的分泌物易引发煤污病，造成叶片脱落。

图13　梨二叉蚜刺吸为害叶片

形态识别：

成虫：无翅孤雌蚜，体宽，呈卵圆形，长约1.8～2.0毫米，宽1.1毫米，体绿色，具深绿色背中线，背上有白粉，腹管端部灰黑色；有翅孤雌蚜头胸黑色，腹部黄褐色，背中线绿色，触角黑色，喙端部、腹管、足股节端部1/2及胫节端部呈黑色，尾片、尾板灰黑色，前翅中脉分二叉，故称梨二叉蚜。

卵：长约0.7毫米，呈椭圆形，黑色。

若虫：体小，绿色，与无翅胎生雌蚜相似。

生活习性：1年发生20代左右，以卵在芽附近、枝杈的缝隙内越冬，翌年新梢萌发时孵化，若蚜群集于新抽嫩叶为害。

防治方法：

（1）农业防治　冬季清园时剪除受害枝梢，集中烧毁，消灭越冬卵。

（2）物理防治　挂置黄色色板诱杀有翅蚜，减少虫口基数。

（3）生物防治　一是保护利用天敌，如保护瓢虫、食蚜蝇、寄生蜂等天敌，抑制蚜虫发生为害；二是可选用1.5%苦参碱可溶液剂300倍液进行喷施。

（4）化学防治　在蚜虫发生期，可以喷施70%吡虫啉水分散粒剂3 000倍液、10%醚菊酯悬浮剂1 000～1 500倍液。

3. 桃蚜

学名：*Myzus persicae* Sulzer，属半翅目蚜科。

为害特征：以成虫和若虫钻入芽间及花蕾缝隙中为害，展叶后群集于叶面刺吸汁液，受害叶片两侧边缘向正面纵卷。蚜虫的分泌物易引发煤污病，造成叶片脱落。

形态识别：

成虫：主要为有翅孤雌蚜，体长2毫米，腹部有黑褐色斑纹，翅无色透明，翅痣灰黄或青黄色。

若虫：体小，呈淡红色，与无翅胎生雌蚜相似。

卵：呈椭圆形，初始为淡绿色，后逐渐变黑褐色。

生活习性：1年发生10 ～ 30代，孤雌胎生，在受害枝梢、树缝间隙中产卵越冬，翌年新梢萌发时孵化，若蚜群集于新抽嫩叶为害，使叶片向叶背面卷缩，繁殖数代后产生有翅蚜，迁飞到附近寄主上，交配后产卵越冬。

防治方法：参见梨二叉蚜。

4. 柏牡蛎蚧

学名：*Lepidosaphes cupressi* Borchsenius，属半翅目盾蚧科。

为害特征：以成虫和若虫固定在杨梅叶片正面主脉两侧及一二年生嫩枝上刺吸为害，叶片被害后，刺吸部位变成暗红色，稍凸起，影响光合作用，枝条被害后，表皮皱缩，直至枯死，发生严重时引起树势衰弱、叶落枝枯，甚至全株枯死。

形态识别：

成虫：雌成虫长1.9 ～ 2.3毫米，宽0.5 ～ 0.8毫米，介壳长形或稍弯曲形，呈深紫褐色。雄成虫长0.95毫米，展翅0.9毫米左右，体细长，浅淡黄色，前翅膜质，密生小毛。

卵：长卵圆形，长0.20 ～ 0.28毫米，宽0.11 ～ 0.14毫米，初期近透明，圆润饱满，后期变成白色半透明米粒状。

若虫：初孵若虫呈长卵圆形，长0.2～0.4毫米，宽0.12～0.14毫米。触角6节，在头部背面的边缘处有眼1对，胸部有气门2对。

生活习性：在贵州1年发生2代，以受精雌成虫在杨梅枝条、叶片上越冬。翌年4月中下旬解除滞育开始产卵，5月上中旬为产卵盛期，5月下旬至6月上旬为孵化盛期。

防治方法：

（1）农业防治　冬季剪除有虫枝条和清扫落叶，并集中销毁，或刮除枝条上的越冬虫体。

（2）化学防治　若虫孵化初期未分泌蜡质或蜡被初形成时喷药防治。可选用24%螺虫乙酯悬浮剂4 000 ～ 5 000倍液、99% SK矿物油乳油100 ～ 200倍液、48%毒死蜱乳油1 000倍液，用药时加上有机硅助剂效果更佳。

5.草履蚧

学名： *Drosicha corpulenta* Kuwana，属半翅目硕蚧科。

为害特征： 属大型介壳虫，若虫和雌成虫常成堆聚集在芽腋、嫩梢、枝干上或分杈处吮吸汁液为害，造成植株生长不良，早期落叶，严重时导致树体死亡。

形态识别：

成虫：雄虫成虫体长4 ～ 6毫米，体色呈暗红至紫红色，1对翅，腹部末端有2对尾瘤；雌虫成虫体长10 ～ 13毫米，呈扁平椭圆形，背呈灰褐色至淡黄色，微隆起，边缘呈橘黄色，表面密生灰白色的毛（图14），头部触角呈黑色，具粗刚毛，整个体表附有一层白色的薄蜡粉。

图14　草履蚧成虫

卵：椭圆形，长约1毫米，初产时黄白色，后渐变为赤褐色，卵产于白色绵状卵囊内，内有卵10 ～ 100余粒。

若虫：体小，色深，外形与雌成虫相似，赤褐色，触角棕灰色，第3节色淡。

雄蛹：圆筒形，褐色，长约5毫米，外被白色绵状物，具1对翅芽，达第2腹节。

生活习性： 1年发生1代，初孵若虫以卵在土表、草堆、树干裂缝处和树杈处越冬，1月中下旬卵开始孵化，若虫出土后沿树干爬到嫩枝处，聚集固定刺吸为害，雌虫若虫3次蜕皮后变为成虫。

防治方法：

（1）农业防治　冬季深翻土壤，消灭土壤中的成虫和卵，或在雌成虫下树产卵前，在树根基部挖环状沟，宽30厘米，深20厘米，填满杂草，引诱雌成虫产卵，待产卵期结束后取出杂草烧毁，消灭虫卵。

（2）生物防治　保护天敌，如瓢虫，红环瓢虫对草履蚧具有较好的捕食效果，应加以保护。

（3）化学防治　在若虫盛发期，喷施24%螺虫乙酯悬浮剂4 000 ~ 5 000倍液、99% SK矿物油100 ~ 200倍液、22%氟啶虫胺腈悬浮剂5 000倍液。

6. 小绿叶蝉

学名：*Empoasca flavesceus* Fabricius.，属半翅目叶蝉科。

为害特征：以成虫、若虫常栖息在嫩叶背面刺吸叶片汁液为害，引起叶色变黄，树势削弱，成虫产卵在枝条树皮内，损伤枝干，水分蒸发量增加，被害植株生长受阻。若虫怕阳光直射，常栖息在叶背面为害，严重影响杨梅生产，造成减产。

形态识别：

成虫：体长3毫米左右，淡绿色，头部向前突出，头冠中长，短于两复眼间宽度，近前缘中央处有2个黑色小点，基域中央有灰白色线纹，复眼灰褐色，颜面色泽较黄，前胸背板前缘弧圆，后缘微凹，前域具灰白色斑点，小盾片基域具灰白色线状斑，前翅微带黄绿色，透明，后翅也透明，腹部背面黄绿色，腹部末端淡清绿色（图15）。

图15　小绿叶蝉成虫

卵：长约0.6毫米，椭圆形，乳白色。

若虫：类似于成虫，

长2.5 ～ 3.5毫米。

生活习性：1年发生多代，以成虫在植株的叶背隐蔽处或植株间越冬，3月下旬越冬成虫开始活动，取食嫩叶为害，为害高峰期在6月初至8月下旬。

防治方法：

（1）农业防治　加强果园管理，秋冬季节，彻底清除落叶，铲除杂草，集中烧毁，消灭越冬成虫。

（2）物理防治　挂置蓝色或黄色黏虫板诱杀。

（3）生物防治　可选用400亿孢子/升球孢白僵菌可湿性粉剂，用量为20 ～ 30克/亩*。

（4）化学防治　越冬成虫开始活动时，以及各代若虫孵化盛期可选用70%吡虫啉水分散粒剂3 000倍液、10%醚菊酯悬浮剂600 ～ 1 000倍液、2.5%溴氰菊酯乳油1 000 ～ 1 500倍液。

7. 八点广翅蜡蝉

学名：*Ricania speculum* Walker，属半翅目广翅蜡蝉科。

为害特征：主要以成虫、若虫群集于嫩枝和芽、叶上刺吸汁液为害；产卵于当年生枝条内，影响枝条生长，削弱树势，受害严重的杨梅树在八点广翅蜡蝉产卵部以上全部枯死。

形态识别：

成虫：体长11.5 ～ 13.5毫米，翅展23.5 ～ 26毫米，黑褐色，疏被白蜡粉。触角刚毛状，短小，单眼2个，红色。翅革质密布纵横脉，呈网状，前翅宽大，略呈三角形，翅面被稀薄白色蜡粉，翅上有6 ～ 7个白色透明斑，后翅半透明，翅脉黑色，中室端有一小白色透明斑，外缘前半部有1列半圆形小的白色透明斑，分布于脉间。腹部和足褐色。

若虫：一至二龄体色较浅，三龄后体色由淡紫色逐步变为浅绿色，四至五龄呈褐色至茶绿色。腹部具蜡丝，白色，向上卷曲

---

* 亩为非法定计量单位，1亩≈667米^2。——编者注

如孔雀开屏，蜡丝覆盖全身。

生活习性： 1年发生1代，以卵越冬，翌年5月越冬卵孵化，若虫开始为害植株，若虫有群集性。7月下旬至8月中旬为羽化盛期。成虫经20余天取食后开始交配，白天活动为害。

防治方法：

（1）农业防治　结合管理，注意适当修剪，防止枝叶过密阴蔽，以利通风透光。剪除有卵块的枝条并集中处理，减少虫源。为害期结合防治其他害虫兼治此虫。

（2）生物防治　可选用400亿孢子/克球孢白僵菌可湿性粉剂，用量为20 ～ 30克/亩。

（3）化学防治　在若虫、成虫期，可选用70%吡虫啉水分散粒剂3 000倍液、10%醚菊酯悬浮剂600 ～ 1 000倍液、2.5%溴氰菊酯乳油1 000 ～ 1 500倍液进行防治。

8. 碧蛾蜡蝉

学名： *Geisha distinctissima* (Walker)，属半翅目蛾蜡蝉科。

为害特征： 主要以成虫、若虫群集于嫩枝和芽、叶上刺吸汁液为害；产卵于当年生枝条内，影响枝条生长，削弱树势，受害严重的杨梅树在碧蛾蜡蝉产卵部以上全部枯死。

形态识别：

成虫：体长6 ～ 8毫米，黄绿色，顶短，向前略突，侧缘脊状褐色，额长大于宽，有中脊，侧缘脊状带褐色。喙粗短，伸至中足基节。唇基色略深。复眼黑褐色，单眼黄色。中胸背板上有4条赤褐色纵纹。腹部浅黄褐色，覆白粉。静息时，翅常纵叠成屋脊状。

卵：纺锤形，乳白色。

若虫：体长6 ～ 8毫米，体呈长扁平状，绿色，有白色棉絮状蜡粉包裹。

生活习性： 1年发生1代，以卵越冬，翌年5月孵化为害植株。

防治方法： 参见八点广翅蜡蝉。

9.桃一点叶蝉

学名：*Erythronuera sudra* (Distant)，属半翅目叶蝉科。

为害特性：以成虫、若虫刺吸汁液为害，被害叶初现黄白色斑点，逐渐扩大成片，严重时全叶苍白早落。

形态识别：

成虫：体长3.1 ～ 3.4毫米，淡黄、黄绿或暗绿色。头部向前成钝角突出，端角圆。头冠及颜面均为淡黄或微绿色，在头冠的顶端有1个大而圆的黑色斑，黑点外围有一晕圈。复眼黑色。前胸背板前半部黄色，后半部暗黄而带绿色。前翅淡白色半透明，翅脉黄绿色，前缘区的长圆形白色蜡质区显著，后翅无色透明，翅脉暗色。足暗绿，爪黑褐色；雄虫腹部背面具有黑色宽带，雌虫仅具1个黑斑。

卵：长椭圆形，一端略尖，长约0.8毫米，乳白色，半透明。

若虫：体长2.4 ～ 2.7毫米，全体淡黑绿色，复眼紫黑色，翅芽绿色。

生活习性：1年发生4代，以成虫在杂草丛、落叶层下和树缝等处越冬。翌年新梢萌发时，越冬成虫出蛰飞回植株为害与繁殖，8月为害最重，10月后末代成虫越冬。成虫、若虫喜白天活动，在叶背刺吸汁液或栖息。成虫善于跳跃，可借风力扩散。

防治方法：

（1）农业防治　秋后彻底清除落叶和杂草，集中烧毁，以减少虫源。

（2）化学防治　若虫发生盛期及时喷药进行防治。药剂选用10%吡虫啉可湿性粉剂2 500倍液，或90%敌百虫晶体1 200倍液，或48%毒死蜱乳油1 000倍液，或25%噻嗪酮可湿性粉剂1 000 ～ 1 500倍液，或20%杀灭菊酯乳油2 000倍液。

10.稻绿蝽

学名：*Nezara viridula* (Linnaeus)，属半翅目蝽科。

为害特征：成虫、若虫以口针刺吸为害未熟果实，为害处有针眼大小的孔隙，孔隙处逐渐变色后果实腐烂，导致杨梅减产。

形态识别：

成虫：体长12 ～ 16毫米，宽6.0 ～ 8.5毫米，体及足青绿色或鲜绿色，头近三角形，触角第3节末及第4、5节端半部黑色，其余青绿色。单眼红色，复眼黑色。前胸背板的角钝圆，前侧缘多具黄色狭边。小盾片呈长三角形，末端狭圆，基缘有3个小白点，两侧角外各有1个小黑点。腹面颜色较淡，腹部背板全绿色。

卵：长约1.2毫米，杯形，初产时淡黄色，后变红褐色。

若虫：末龄若虫体长7.5 ～ 12毫米，绿色为主，触角4节，前胸与翅芽散生黑色斑点，外缘橙红色，腹部边缘具半圆形红斑，中央亦有红斑。

生活习性：贵州地区1年发生3代，以成虫在杂草间越冬，4月上旬始见成虫活动，卵产在叶面，30 ～ 50粒排列成块，初孵若虫聚集在卵壳周围，二龄后分散取食，约经50 ～ 65天变为成虫。

防治方法：

（1）农业防治 冬季清园时清除园中杂草，减少越冬虫口基数。在成虫发生盛期，可利用成虫在早晨和傍晚飞翔活动能力差的特点，进行人工捕杀。

（2）生物防治 选用1%苦皮藤素水乳剂300倍液喷施。

（3）化学防治 在成虫、若虫为害期，喷施10%吡虫啉可湿性粉剂1 500 ～ 2 000倍液或3%啶虫脒乳油1 500倍液或50%氟啶虫胺腈水分散粒剂5 000倍液喷雾防治。

11. 黑刺粉虱

学名：*Aleurocanthus spiniferus* Quaintance，属半翅目粉虱科。

为害特征：以成虫、若虫刺吸叶片、果实和嫩枝的汁液，被害叶片出现失绿黄白斑点，随为害的加重扩展成片，进而全叶苍白早落；果实被害品质降低，幼果受害严重时常脱落。植物受害后，诱发煤污病，枝叶发黑，生长减弱，产量减少。

形态识别：

成虫：体长0.9～1.3毫米，橙黄色，体表覆有蜡质白粉，复眼肾形红色。前翅紫褐色，边缘上有7个白斑；后翅小，淡紫褐色。

卵：呈新月形，长0.25毫米，基部钝圆具1小柄，直立附着在叶上，初乳白后变淡黄，孵化前灰黑色。

若虫：末龄若虫体长约0.7毫米，黑色，体背上具刺毛14对，体周缘泌有明显的白蜡圈。

蛹：0.7～1.1毫米，椭圆形，初为黄色，后渐变黑褐色，有光泽，周缘有较宽的白蜡边，背面显著隆起，胸部具9对长刺，腹部两侧边缘具长刺，雌蛹具长刺11对，雄蛹10对。

生活习性：在贵州地区1年发生4～5代，世代重叠，以二至三龄幼虫在叶背越冬，越冬幼虫于翌年3月上旬至4月上旬化蛹。初羽化成虫时喜欢荫蔽的环境，日间常在树冠内幼嫩的枝叶上活动，有趋光性，可借风力传播。

防治方法：

（1）农业防治　一是合理密植，加强栽培管理，重视夏剪和冬剪，中耕除草等；二是合理修剪，使杨梅园通风透光，适时中耕除草，加强肥培管理，促使树势健壮。

（2）生物防治　可释放寄生蜂或采取果园生草法保护天敌。

（3）化学防治　在若虫盛发期或成虫大量羽化而未产卵前喷施，15％金好年乳油2 000～3 000倍液、10％吡虫啉乳油1 000～1 500倍液、10％联苯菊酯乳油5 000～6 000倍液；10％噻嗪酮乳油2 000～3 000倍液。三龄及其以后各虫态的防治，最好用含油量0.4％～0.5％的矿物油乳剂混用上述药剂，可提高杀虫效果。

12. 铜绿丽金龟

学名：*Anomala corpulenta* Motschulsky，属鞘翅目丽金龟科。

为害特征：成虫为害叶片，吃成缺刻或孔洞，影响光合作用。

化蛹前幼虫（蛴螬）长期生活在浅土层中，啃食为害幼树茎部皮层和幼根，影响根部吸取水分和养分，被害杨梅树生长受阻，严重影响树势和果实产量。

形态识别：

成虫：体长15 ～ 22毫米，宽8.3 ～ 12.0毫米，长卵圆形，背腹扁圆，体背铜绿具金属光泽，头、前胸背板、小盾片颜色较深，鞘翅颜色较浅，腹面乳白、乳黄或黄褐色。头、前胸、鞘翅密布刻点。小盾片半圆形，鞘翅背面具2纵隆线，缝肋显，唇基短阔梯形。前线上卷。触角鳃叶状9节，黄褐色。前足胫节外缘具2齿，内侧具内缘距。胸下密被绒毛，腹部每个腹板上具毛1排。前足爪分叉，中足爪和后足爪不分叉。

幼虫：老熟幼虫体长约30 ～ 35毫米，头宽约5毫米，乳白色。头部黄褐色，近圆形。

蛹：椭圆形，长约20毫米，宽约10毫米，裸蛹，土黄色。

生活习性：1年发生1代，以老熟幼虫越冬，少数以二龄幼虫越冬，多数以三龄幼虫越冬。翌年春季气温回升解除滞育，5月下旬至6月上中旬在15 ～ 20厘米的土层中化蛹，6月中下旬至7月末是成虫发生为害盛期。成虫飞行力强，具有假死性、趋光性和群集性，风雨天或低温时常栖息在植株上不动。

防治方法：

（1）农业防治　在冬季翻耕果园土壤，可杀死土中的幼虫和成虫。

（2）物理防治　利用成虫趋光性，设置黑光灯或频振式杀虫灯在夜间诱杀，也可利用其假死性，在清晨或傍晚振动树枝捕杀成虫。

（3）生物防治　可选用150亿孢子/克球孢白僵菌可湿性粉剂800倍液进行防治。

（4）化学防治　成虫防治用48%毒死蜱乳油800 ～ 1 600倍液或2.5%溴氰菊酯乳油1 500倍液喷雾，成虫出土前，用5%毒死蜱颗粒剂地面撒施或5%辛硫磷颗粒剂拌土撒施；幼虫防治采用毒土法，用5%毒死蜱颗粒剂或5%辛硫磷颗粒剂，也可用48%毒死蜱乳油1 000倍液灌根。

13. 梨叶甲

学名： *Paropsides duodecimpustulata* (Gelber)，属鞘翅目叶甲科。

为害特征： 主要以成虫和幼虫取食叶片为害，造成缺刻或孔洞，影响光合作用。

形态识别：

成虫：体长约9毫米，黄褐色至赤褐色。头背中央具2黑斑横列。复眼椭圆形，黑色。触角11节，连珠状，从第6节开始逐渐膨大，端部较尖。前胸背板中央及两侧各有1个菱形黑斑。鞘翅上有4段横排黑色斑点。

卵：长约2.0 ~ 2.5毫米，长椭圆形，初产时呈黑色，后变为黄褐色，周围有一层红褐色黏液。

幼虫：体长12.1 ~ 14.6毫米，初孵幼虫体呈黑褐色，老熟幼虫呈黄褐色，胴部12节，每节背板分为2个亚节，除尾节外，每节两侧均有黑褐色质质突。

蛹：长约7.2 ~ 10.0毫米，橙黄色。

生活习性： 以成虫在草丛中、落叶上、石块下越冬。翌年4月出蛰爬到枝上为害嫩叶，4月下旬至5月进入产卵期，把卵产在叶背，幼虫为害期近1个月，老熟后入土室化蛹。成虫有假死性。幼虫遇惊扰时第9腹节突出2条赤褐色角状突起。

防治方法：

（1）农业防治　早春清理枯枝落叶及杂草，消灭越冬成虫，利用成虫假死性，振落捕杀成虫，发现卵块及时摘除。

（2）化学防治　成虫和幼虫为害期喷洒48%毒死蜱乳油1 000倍液、52.25%氯氰·毒死蜱乳油1 000倍液均匀喷雾叶片和地面。

14. 星天牛

学名： *Anoplophora chinensis* (Forster)，属鞘翅目天牛科。

为害特征：幼虫为害成年树的主干基部和主根，破坏树体养分和水分的输送，致使树势衰退，重者整株枯死。

形态识别：

成虫：体长19 ~ 39毫米，全体漆黑色有光泽，具小白斑。前胸背板中瘤明显，侧刺突粗壮。鞘翅基部密布颗粒，鞘翅表面散布有许多由白色细绒毛组成的斑点，不规则排列。

卵：长5 ~ 6毫米，长椭圆形，乳白色，孵化前呈黄褐色。

幼虫：淡黄白色，长约45 ~ 67毫米。前胸背板前方左右各有1个黄褐色飞鸟形斑纹，后方有1块黄褐色“凸”字形大斑纹。老熟幼虫呈黑褐色，触角细长、卷曲。

蛹：长约30毫米，乳白色。

生活习性：南方1年发生1代，北方2 ~ 3年发生1代，以幼虫在树干基部或主根内越冬。成虫在4 ~ 5月开始出现，卵多产在离地面20 ~ 30厘米处树干的皮层内，产卵处皮层隆起裂开，外观呈“M”形伤口。初孵幼虫在树干皮下向下蛀食，呈狭长沟状，达地平线以下，才向树干基部周围扩展迂回蛀食，常因数头幼虫环绕树头皮下蛀食成圈，可使整株枯死。蛀道长约10 ~ 15厘米，虫道的上部为蛹室约占5 ~ 6厘米，其出口为羽化孔，下部为蛀入的通路，其入口为蛀入孔。蛀入木质部后咬碎的木质及粪便，部分阻塞孔内，部分推出孔外。排出物堆积树干基部周围。幼虫通常于11 ~ 12月开始越冬，翌年春化蛹。

防治方法：

(1) 农业防治　主要采取人工捕杀，用刮刀刮卵及皮下幼虫，钩杀蛀入木质部内的幼虫。

(2) 化学防治　用80%敌敌畏或40%乐果乳油5 ~ 10倍液，沾棉球塞入虫孔，并用湿泥封堵，毒杀幼虫。

15. 桑天牛

学名：*Apriona germari* (Hope)，属鞘翅目天牛科。

为害特征：成虫啃食嫩枝皮层，造成许多孔洞，幼虫蛀食植株枝条，严重时致使枝干枯死。

形态识别：

成虫：体长36 ~ 46毫米。体黑褐色，密被棕黄色或黄褐色绒毛，头部和前胸背板中央有纵沟，前胸背板有横隆起纹，两侧中央各有1个刺状突起。鞘翅基部有许多颗粒状黑色突起。

卵：长约6 ~ 7毫米，椭圆形，初产时乳白色，近孵化时为黄白色。

幼虫：圆筒形，乳白色，头部黄褐色，第1胸节特别大，方形，背板上密生黄褐色刚毛和赤褐色点粒，并有凹陷的"小"字形纹。

蛹：纺锤形，长约50毫米，淡黄色。

生活习性：2 ~ 3年完成一个世代，广东省1年发生1代，以幼虫在枝干内过冬。4 ~ 5月成虫开始羽化，成虫先啃食嫩枝皮层、叶片和幼芽，卵产在被咬食枝条的伤口内，每处产卵1 ~ 5粒，一生可产卵100余粒。孵化幼虫先向枝条上方蛀食约10毫米，后向下蛀食枝条髓部，每蛀食5 ~ 6厘米长时向外蛀一排粪孔，由此排出粪便，堆积于地面。随着幼虫的长大，排粪孔的距离也愈来愈远。幼虫多位于最下一个排粪孔的下方。被蛀食枝条生长衰弱，叶色变黄，严重时枝干枯死。

防治方法：参照星天牛的防治方法。

16. 茶蓑蛾

学名：*Clania minuscula* Butler，属鳞翅目蓑蛾科。

为害特征：以幼虫取食杨梅叶片、新梢，为害初期造成小孔，后期能够吃光叶片，严重影响杨梅的树势。

形态识别：

成虫：雌虫体长12 ~ 16毫米，蛆状无足无翅，头部较小，胸部呈乳白色，有8节体节；雄虫体长12 ~ 14毫米，翅展23 ~ 28毫米，体黑褐色，密生长毛，触角羽状，前翅黑褐色近长方形，后翅扇形，足黑褐色，腹部8节。

卵：多产于雌蛾袋中，呈椭圆形，长约0.8毫米，黄色。

幼虫：初孵幼虫头部黄褐色，呈球形状，老熟幼虫体长18 ～ 28毫米，腹部呈淡红色。

蛹：雌蛹呈纺锤形，深褐色，头部小，无翅、足，体分11节；雄蛹体长10 ～ 14毫米，深褐色。

图16　茶蓑蛾护囊

生活习性：1年发生1代，以幼虫在护囊中越冬，翌年5月下旬至6月下旬化蛹，初孵幼虫即能吐丝作灰白色护囊。老熟幼虫护囊长25 ～ 30毫米，囊外紧附短枝段，排列不整齐（图16）。

防治方法：

（1）农业防治　进行园林管理时，发现虫囊及时摘除，并集中烧毁。

（2）物理防治　利用成虫的趋光性，使用频振式杀虫灯或黑光灯诱杀成虫。

（3）生物防治　一是低龄幼虫期时可选用100亿孢子/毫升短稳杆菌悬浮剂600 ～ 800倍液、100亿PIB/克斜纹夜蛾核型多角体病毒悬浮剂60 ～ 80毫升/亩等生物药剂进行防治；二是保护寄生蜂等天敌。

（4）化学防治　在幼虫低龄盛期喷洒25%灭幼脲悬浮剂4 000倍液、20%虫酰肼悬浮剂13.5 ～ 20克/亩、4.5%高效氯氰菊酯乳油600倍液、2.5%高效氯氟氰菊酯乳油600倍液、1%甲氨基阿维菌素苯甲酸盐乳油1 000倍液、2.5%溴氰菊酯乳油1 000倍液等低毒、低残留化学农药。

17. 大蓑蛾

学名：*Clania variegate* Snellen，属鳞翅目蓑蛾科。

为害特征：幼虫咬食叶片、嫩梢或剥食枝干、果实皮层，严重影响杨梅的开花结果及树体长势。

形态识别：

成虫：雌成虫体肥大，蛆状。体长20 ~ 30毫米，淡黄色或乳白色，无翅，足、触角、口器、复眼均有退化，头部小，淡赤褐色，胸部背中央有一条褐色隆基，胸部和第一腹节侧面有黄色毛，第7腹节后缘有黄色短毛带，第8腹节以下急骤收缩，外生殖器发达；雄成虫为中小型蛾子，体长15 ~ 20毫米，翅展35 ~ 44毫米，体褐色，有淡色纵纹，前翅有红褐色、黑色和棕色斑纹后翅黑褐色，略带红褐色，前、后翅中室内中脉叉状分支明显。

卵：长约1毫米，多呈椭圆形，体色呈淡黄色至黄色。

幼虫：体长在25 ~ 40毫米左右，共五龄，三龄后可区分雌雄，雌幼虫头部赤褐色，顶部有环状斑，前、中胸背板各有4条纵向暗褐色带，后胸背板有5条，五龄雄幼虫体长18 ~ 28毫米，黄褐色，头部暗色，前、中胸背极中央有1条纵向白带。

蛹：初化蛹为乳白色，后变为暗褐色，雌蛹体长25 ~ 30毫米，赤褐色，尾端有3根小刺。雄蛹为被蛹，长椭圆形，体长18 ~ 24毫米，腹末有1对角质化突起，顶端尖，向下弯曲成钩状。

生活习性：1年发生1代，以老熟幼虫在枝叶上的护囊内越冬（图17），气温10℃左右，越冬幼虫开始活动和取食，5月中下旬后幼虫陆续化蛹，6 ~ 8月为害严重期。

防治方法：参照茶蓑蛾的防治方法。

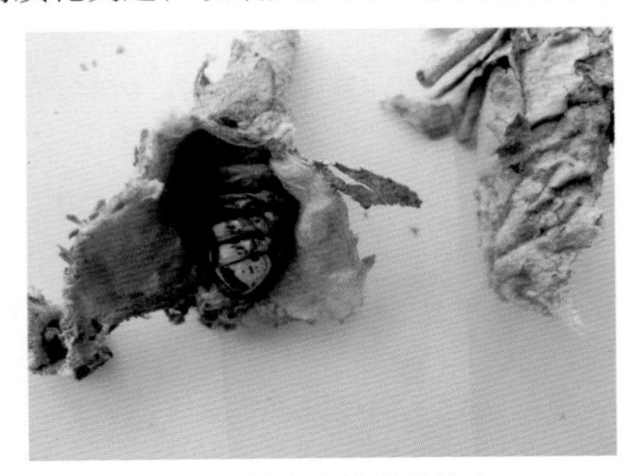

图17　护囊内的老熟幼虫

18. 白囊蓑蛾

学名：*Chalioides kondonis* Matsumura，属鳞翅目蓑蛾科。

为害特征：幼虫咬食杨梅叶片成孔洞或缺刻，影响树势。

形态识别：

成虫：雌成虫体长9～16毫米，蛆状，足、翅退化。雄成虫体长8～11毫米，体淡褐色，密布白色长毛，翅透明。

卵：长约1毫米，呈圆形，黄色。

幼虫：较细长，头褐色，有黑色点纹，胸部背板灰黄白色，有暗褐色斑纹。

蛹：雄蛹深褐色，纺锤形；雌蛹为长筒形，袋囊细长，灰白色，外表光滑，全部由丝织成，质地致密。

生活习性：1年发生1代，以低龄幼虫在蓑囊内越冬，3月开始化蛹，5～6月为羽化盛期，6月上、中旬为产卵盛期及幼虫孵化盛期，在6～10月为害较重，幼虫于11月中下旬进入越冬状态。

防治方法：参见茶蓑蛾。

19. 黄刺蛾

学名：*Cnidocampa flavescens* Walker，属鳞翅目刺蛾科。

为害特征：主要以低龄幼虫群集在叶背取食为害，五至六龄幼虫能将全叶吃光仅留叶柄、主脉，造成叶片呈箩底状半透明状或造成缺刻和孔洞，严重影响树势和果实产量。

形态识别：

成虫：雌成虫体长15～17毫米，翅展35～39毫米；雄成虫体长13～15毫米，翅展30～32毫米。体橙黄色。前翅黄褐色，自顶角有1条细斜线伸向中室，斜线内方为黄色，外方为褐色，在褐色部分有1条深褐色细线自顶角伸至后缘中部，中室部分有1个黄褐色圆点。后翅灰黄色。

卵：扁椭圆形，一端略尖，长1.4～1.5毫米，宽0.9毫米，淡黄色，卵膜上有龟状刻纹。

幼虫：老熟幼虫体长19～25毫米，体粗大。头部黄褐色，隐藏于前胸下。胸部黄绿色，体自第2节起，各节背线两侧有1对枝刺，以第3、4、10节的较大，枝刺上长有黑色刺毛；体背有紫褐色大斑纹，前后宽大，末节背面有4个褐色小斑，体两侧各有9个枝刺，中部有2条蓝色纵纹，气门上线淡青色，气门下线淡黄色。

蛹：椭圆形，粗大，体长13～15毫米，淡黄褐色，头、胸部背面黄色，腹部各节背面有褐色背板。

茧：椭圆形，质坚硬，黑褐色，有灰白色不规则纵条纹，似雀卵。

生活习性：1年发生1～2代，以老熟幼虫常在树枝分叉，枝条叶柄甚至叶片上吐丝结硬茧越冬，翌年5月中旬开始化蛹，下旬始见成虫。

防治方法：

(1) 农业防治　及时摘除栖有大量幼虫的虫枝、叶，加以处理；老熟幼虫常沿树干下行至基部或地面结茧，可采取树干绑草等方法诱集，及时予以清除；果园作业较空闲时，可根据黄刺蛾越冬场所采用敲、挖、剪除等方法清除虫茧。

(2) 物理防治　使用频振式杀虫灯诱杀成虫。

(3) 生物防治　一是保护利用寄生性天敌，有刺蛾紫姬蜂、刺蛾广肩小蜂、上海青峰、爪哇刺蛾姬蜂和健壮刺蛾寄蝇，二是可选用400亿孢子/克球孢白僵菌可湿性粉剂（20～30克/亩）、100亿PIB/克斜纹夜蛾核型多角体病素悬浮剂（60～80毫升/亩）等生物农药进行防治。

(4) 药剂防治　黄刺蛾低龄幼虫对药剂敏感，在初龄幼虫发生盛期，密度大时喷药防治，药剂可选用25%灭幼脲悬浮剂4 000～5 000倍液或20%虫酰肼悬浮剂（13.5～20克/亩）或90%敌百虫晶体1 500倍液或2.5%溴氰菊酯乳油2 000～3 000倍液等进行防治。

20. 扁刺蛾

学名：*Thosea sinenisi* (Walker)，属鳞翅目刺蛾科。

为害特征：以低龄幼虫在叶背取食为害，造成叶片缺刻和孔洞，严重影响树势和果实产量。

形态识别：

成虫：体暗灰褐色，腹面及足颜色较深，雌虫触角呈丝状，基部10多节呈栉齿状；雄虫触角呈羽状；前翅灰褐稍带紫色，中室外侧有1条明显的暗褐色斜纹，中室上角有1个黑点，雄蛾较明显。

卵：长约1.0毫米，近椭圆形，初产时呈黄绿色，后渐变为灰褐色。

幼虫：体扁椭圆形，背稍隆起似龟背，绿色或黄绿色，背线白色，边缘蓝色；体边缘每侧有10个瘤状突起，上生刺毛，各节背面有两小丛刺毛，第4节背面两侧各有1个红点。

蛹：前端较肥大，近椭圆形，初乳白色，近羽化时变为黄褐色。

茧：椭圆形，暗褐色。

生活习性：1年发生2代，以老熟幼虫在寄主树干周围土中结茧越冬。翌年4月中旬越冬幼虫化蛹，5月中旬至6月初成虫羽化。第一代发生期为5月中旬至8月底，第二代发生期为7月中旬至9月底。成虫羽化多集中在黄昏时分，幼虫老熟后即下树入土结茧。

防治方法：参照黄刺蛾。

21. 苹小卷叶蛾

学名：*Adoxophyes orana* Fischer von Roslerstamm，属鳞翅目卷蛾科。

为害特征：以幼虫为害果树的幼芽、幼叶和嫩梢，初龄幼虫常将嫩叶边缘卷曲，以后吐丝缀合嫩叶；大龄幼虫常将2 ～ 3张叶片平贴，或将叶片食成孔洞或缺刻。展枝后幼虫吐丝缀叶成“虫苞”，幼虫在“虫苞”里取食不动，给防治增加了困难。幼虫非常活泼，稍受惊动，随风飘动转移为害。幼虫老熟后从被害叶片内爬出重新找叶，在卷叶内或两叶相贴处化蛹。被害植株枝梢生长受阻，芽枯，叶黄，影响抽枝、开花和结果。

形态识别：

成虫：翅展13 ～ 23毫米黄褐色，静止时呈钟罩形。触角丝状。前翅略呈长方形，翅面上常有数条暗褐色细横纹。后翅微灰淡黄褐色。腹部淡黄褐色，背面色暗。

卵：扁平椭圆形，淡黄色半透明。卵块多由数10余卵排成鱼鳞状，孵化前呈黑褐色。

幼虫：细长，翠绿色，头小且呈淡黄白色，单眼区上方有1个棕褐色斑。前胸盾片和臀板与体色相似或淡黄色。

蛹：较细长，初呈绿色后变黄褐色，从腹部第2节开始至第7节，背面各有2个刺状突起。

生活习性：1年发生3～4代，在贵州省1年发生4代，以幼虫在粗翘皮下、老叶上中结白色薄茧越冬。翌年气温回升后新梢抽发时出蛰，并吐丝缠结嫩叶为害，长大后则多卷叶为害，老熟幼虫在卷叶中结茧化蛹。

防治方法：

(1) 农业防治　冬季清园，扫除落叶，铲除园边杂草，集中烧毁，减少翌年的发生量；春夏季摘虫苞、剪虫叶、灭卵块，压低虫源基数。

(2) 物理防治　使用频振式杀虫灯、黑光灯对成虫进行诱杀。

(3) 生物防治　一是保护利用螳螂、瓢虫、草蛉、蜘蛛等天敌；二是在卵孵高峰期选用1.8%阿维菌素乳油（40～80毫升/亩）进行防治。

(4) 化学防治　在低龄幼虫盛发期，选用1%甲氨基阿维菌素苯甲酸盐乳油1 000倍液或90%晶体敌百虫1 000倍液或25%灭幼脲3号1 500倍液喷雾防治。

22. 褐带长卷叶蛾

学名：*Homona coffearia* (Meyrick)，属鳞翅目卷蛾科。

为害特征：幼虫主要为害嫩芽或嫩叶，常吐丝将3～6片叶牵结成虫苞（图18），隐匿其中为害。一龄幼虫多取食叶背，留下一层薄膜状叶表皮（图19），不久该表皮破损成为穿孔。二龄末期后多在叶缘取食，被害叶多呈穿孔或缺刻状。

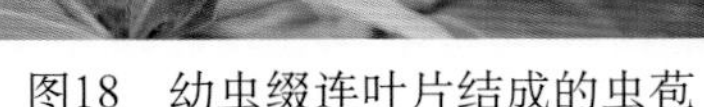

图18 幼虫缀连叶片结成的虫苞　　图19 褐带长卷叶蛾为害状

形态识别：

成虫：体暗褐色，体长6 ~ 10毫米，翅展16 ~ 30毫米，头小，头顶有浓褐色鳞片，下唇须上翘至复眼前缘。前翅暗褐色，近长方形，基部有黑褐色斑纹，从前缘中央前方斜向后缘中央后方，有一深褐色条带，顶角亦常呈深褐色。后翅为淡黄色。

卵：淡黄色，椭圆形，呈鱼鳞状排列（图20）。

幼虫：体长1.2 ~ 23毫米，各龄幼虫体色不一，低龄幼虫头部呈黑色，老熟幼虫头部呈黄褐色，前胸盾板近半圆形（图21）。

图20 褐带长卷叶蛾虫卵　　图21 褐带长卷叶蛾幼虫

蛹：雌蛹体长12 ~ 13毫米，雄蛹8 ~ 9毫米，黄褐色，尾部末端具有臀棘8根。

生活习性：在贵州地区1年发生4 ~ 5代，世代重叠，以老熟幼虫在卷叶中越冬，幼虫活动性较强，若遇惊扰，即迅速向后移动，吐丝下坠，不久后又沿丝向上卷动。

防治方法：

(1) 农业防治　冬季清除果园杂草、枯枝落叶，剪除带有越冬幼虫和蛹的枝叶，生长季节巡视果园时随时摘除卵块、虫茧(图22) 和蛹，捕捉幼虫和成虫。

(2) 物理防治　成虫盛发期在果园中安装黑光灯或频振式杀虫灯诱杀，也可用糖醋液诱杀(糖：酒：醋：水=2：1：1：4)。

(3) 生物防治　低龄幼虫虫口密度大时，可选用1.8%阿维菌素乳油 (40～80毫升/亩) 等生物农药进行防治。

图22　褐带长卷叶蛾虫茧

(4) 化学防治　在幼虫暴发为害时，可选20%氟苯虫酰胺水分散粒剂3 000倍液、10%阿维·氟酰胺悬浮剂1 500倍液、1%甲氨基阿维菌素苯甲酸盐乳油1 000倍液等化学药剂进行防治，用药时加上昆虫诱食剂效果更佳。

23.杨梅小细潜蛾

学名：*Phyllonorycter* sp.，属鳞翅目细蛾科。

为害特征：主要以幼虫潜在叶片里取食叶肉，使被害处仅剩表皮(图23)，外观呈泡囊状。叶片受害初期，泡囊较小且呈近圆形，后逐渐扩大呈长椭圆形，可以观察到内有黑色虫粪，剥开表皮，可

图23　杨梅小细潜蛾为害状

看到幼虫，每个泡囊有1条幼虫，发生严重时，叶片有多个泡囊，可造成叶片卷曲和大量落叶，影响光合作用，导致树势衰弱及产量下降。

形态识别：

成虫：体长3.0～3.5毫米，翅展7.5毫米，体呈银灰色，头部呈银白色，顶端生金黄色鳞毛2丛，复眼黑色，触角黑白相间，前翅细长，中部前后缘各生有3条黑白相间的条纹，后翅灰黑色，足黑白相间。

卵：长约4毫米，扁椭圆形，黄色至黄褐色。

幼虫：长约4毫米，低龄幼虫呈黄绿色，稍扁平状，头呈黑色三角形，前胸略宽，有光泽，口器暗褐色，3对胸足。

蛹：长约4毫米，黄褐色。

生活习性：在贵州地区1年发生2代，以幼虫在叶片泡囊中越冬，翌年3月解除滞育后继续取食叶肉或直接吐丝结茧化蛹，4月下旬至5月上旬为化蛹盛期。

防治方法：

(1) 农业防治　冬季清园，剪除受害叶片，带出果园外集中烧毁，降低虫源基数。

(2) 物理防治　成虫盛发期在果园中安装黑光灯或频振式杀虫灯诱杀成虫。

(3) 生物防治　一是保护和利用寄生蜂等天敌；二是低龄幼虫虫口密度大时，可选用1.8%阿维菌素乳油（40～80毫升/亩）等生物农药进行防治。

(4) 化学防治　主要防治第二代成虫，在8月下旬至9月上旬抓住第二代成虫羽化高峰期，选用25克/升高效氯氟氰菊酯乳油5 000倍液进行防治。

24. 绿尾大蚕蛾

学名：*Actias selene ningpoana* Felder，属鳞翅目大蚕蛾科。

为害特征：主要以幼虫蚕食叶片，发生严重时可以将叶片全部取食完。

形态识别：

成虫：体大，长30 ~ 40毫米，翅展100 ~ 130毫米，体表密布白色絮状鳞毛，前、后翅粉绿色，其中部中室端各具椭圆形眼状斑1个，腹面色浅，近褐色。

卵：直径约2毫米，扁圆形，初产时为淡绿色，后渐变为紫褐色至褐色。

图24 绿尾大蚕蛾二龄幼虫

幼虫：幼虫变化较大，初孵幼虫体长约5.0 ~ 6.5毫米，虫体黑色，头较大；二龄幼虫通体暗红色，着生肉突状毛瘤，头黑褐色，毛瘤上着生刚毛和褐色短刺（图24）。三龄橘黄色，毛瘤黑色；四龄翠绿色，气门上线为红、黄2条线；瘤为橘黄至橘红色，毛瘤上着生刚毛和褐色短刺。五龄虫体通绿，体节呈六角形。

蛹：长约40毫米，紫褐色。

生活习性：贵州地区1年发生2 ~ 3代，以蛹越冬，翌年3 ~ 4月开始羽化、产卵。成虫有趋光性。

防治方法：

（1）农业防治　人工捕捉幼虫和虫茧。

（2）物理防控　利用频振式杀虫灯诱杀成虫。

（3）生物防治　在幼虫孵高峰期，选用100亿孢子/毫升短稳杆菌悬浮剂600 ~ 800倍液、100亿PIB/克斜纹夜蛾核型多角体病毒悬浮剂60 ~ 80毫升/亩等生物药剂进行防治。

（4）化学防治　可选用20%氟苯虫酰胺水分散粒剂水分散粒剂3 000倍液、10%阿维·氟酰胺悬浮剂1 500倍液、1%甲氨基阿维菌素苯甲酸盐乳油等药剂防治。

25.黑翅土白蚁

学名：*Odontotermes formosanus* (Shiraki)，属等翅目白蚁科。

为害特征：啃食杨梅树主干和根部，损伤韧皮部及木质部，使树体严重受伤，并筑建泥道，阻碍水分和营养物质流通，致使树势衰弱，造成叶黄、枝枯、树死，老树受害严重。

形态识别：

兵蚁：体长约6毫米，头长约2.5毫米，宽约1.3毫米，前胸背板长约0.4毫米，宽约0.9毫米，头部暗黄色，腹部淡黄至灰白色。头部背面观卵形。上颚镰刀状，左上颚中点前方有一明显的齿，齿尖斜向前，右上颚内缘有一微刺。上唇舌状。触角15～17节，前胸背板前部窄，斜翘起，后部较宽，前缘及后缘中央有凹刻。

工蚁：体长约4.5～5毫米，头部黄色，胸和腹呈白色至灰白色。

有翅蚁：体长约27～30毫米，翅展45～50毫米。头胸腹背面黑褐色头部两侧有复眼1对，复眼内上方有单眼。触角分节多，中、后胸各着生1对翅，呈狭长形膜质状。翅面有微毛，中部有棒状突起。

蚁后、蚁王：体长约70～80毫米，体宽13～15毫米。蚁王稍小，体色较深，体壁较硬。

卵：长约0.5～0.8毫米，椭圆形，乳白色。

生活习性：主要为害期为4～10月，在靠近蚁巢地面出现羽化孔，羽化孔突圆锥状，在闷热天气或雨前傍晚7时左右，爬出羽化孔穴，在天空中群飞，停下后即脱翅求偶，成对钻入地下建筑新巢。

防治方法：

(1) 农业防治　一是冬季清园时清除园内及边缘杂木及死树，减少蚁源；二是扑灭蚁穴，在越冬期对发现的蚁穴，进行灌水扑灭。

(2) 物理防治　利用趋光性，使用黑光灯诱杀有翅白蚁。

(3) 化学防治　可以堆草诱杀，即在白蚁为害区挖穴，每亩10

穴左右，穴内放入蕨类或嫩草，喷上48%毒死蜱乳油1 000倍液，或20%杀灭菊酯1 000倍液，加1%红糖，覆盖泥土。或者耙去树冠下表土，喷上2.5%联苯菊酯乳油1 000倍液加1%红糖，然后覆土。诱杀白蚁啃食中毒死亡，或白蚁带毒归巢后相互传递致其他白蚁死亡。

26.同型巴蜗牛

学名：*Bradybaena similaris* (Ferussac)，属腹足纲柄眼目巴蜗牛科。

为害特征：以成螺和幼螺取食嫩叶、嫩茎及嫩果。

形态识别：

成螺：雌雄同体，螺壳扁球形，黄褐色至红褐色，螺壳高约12毫米，宽约16毫米。螺层5.5 ~ 6层，底部螺层较宽大，螺层周缘及缝合线上常有1条褐色带。壳口马蹄形，脐孔圆形。头上具2对触角，上方1对长，眼着生其顶端，下方1对短小。头部前下方着生口器。体色灰白，长约35毫米，腹部腹面有扁平的足。

卵：球形，直径0.8 ~ 1.4毫米，初产时乳白色，渐变为淡黄色，近孵化时为土黄色，卵壳石灰质。

幼螺：形态与成螺相似，但体较小。外壳较薄，淡灰色，半透明。内部的螺体乳白色，从壳外隐约可见。

生活习性：1年发生1代，以成螺或幼螺在冬季作物根部土中或作物秸秆堆下越冬。翌年春末夏初产卵，5 ~ 7月为卵孵化期。

防治方法：

(1) 农业防治　及时清除杨梅园杂草，及时中耕，排出积水，形成不利于蜗牛生存的环境。

(2) 生物防治　在蜗牛发生期放鸡鸭啄食，压低蜗牛基数，减少下代发生量。

(3) 化学防治　在蜗牛大量出现，未交配产卵和大量上树前的4 ~ 5月进行药剂防治。在蜗牛盛发期的晴天傍晚每亩用6%四聚乙醛颗粒剂200 ~ 400克，拌土10 ~ 15千克撒施，还可用

5%～10%硫酸铜溶液，或1%～5%食盐溶液于早晨8时前及下午6时后对树盘树体等喷射防治。

27.蛞蝓

学名：*Agriolimax agrestis*（Linnaeus），属腹足纲柄眼目蛞蝓科。

为害特征：以幼虫和成虫刮食叶片、枝条和幼果，造成缺刻。喜欢在潮湿、低洼的园中为害。同时，排出粪便，污染植株，易诱发病原菌侵染而导致腐烂，降低产量和质量。

形态识别：

成虫：长梭形，柔软，光滑而无外壳，体表暗黑色或暗灰色，黄白色或灰红色（图25）。有的有不明显暗带或斑点。触角2对，位于头前端，能伸缩，其中短的一对为前触角，有感觉作用，长的一对为后触角，端部有眼。爬行时体长可达30毫米以上，腹面具爬行足，爬过的地方留有具有光亮的白色黏液。

图25　蛞蝓成虫

卵：椭圆形，韧而富有弹性，直径约2.5毫米，白色透明，近孵化时颜色变深。

幼虫：初孵幼虫体长2～3毫米，淡褐色似成虫。

生活习性：以成虫或幼虫在植物根部土壤中越冬，翌年春末夏初和秋季为活动盛期。

防治方法：参考同型蜗牛的防治方法。

枇　杷　篇

一、枇杷病害

（一）侵染性病害

1.灰斑病

病原： *Pestalotiopsis funerea* (Desm.) Steyaert、*Pestalotia congensis* Henn.、*Pestalotia eribotryae* McAlp.，前者属子囊菌门拟盘多毛孢属，后两者为无性型真菌。

病害识别： 主要为害叶片，病斑圆形，初呈淡褐色（图1），后变灰白色，多个病斑可合成不规则的大病斑（图2），病健部明显，为较狭窄的黑褐色环带，中央灰白色至灰黄色，其上散生有黑色小点（图3）。此外，也可为害果实，果实受害后产生圆形紫褐色病斑，显著凹陷，其上散生黑色小点。

发生特点： 病原菌在病叶上越冬，春

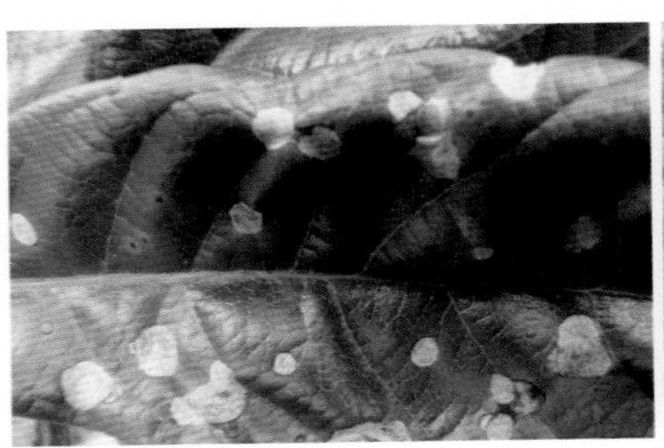

图1　灰斑病初期症状

图2 灰斑病后期症状

图3 黑色小点（分生孢子器）

季雨水多、田间湿度大、土壤肥力差发病重，病原菌以分生孢子和菌丝体在病叶或病果的残体上越冬。来年春季越冬后的分生孢子及新产生的分生孢子，借雨水传播，引起初次侵染，春夏秋梢都会染病。枇杷灰斑病常与斑点病、角斑病混合发生，土壤瘠薄，树势衰弱的果园，发病较早且重。多雨及温暖季节，土壤排水不良，容易发病。

防治方法：

（1）农业防治　加强果园管理，增施肥料，促使树势生长健壮，提高抗病力；及时清除落叶，剪除病枝、病叶等，集中烧毁。

（2）化学防治　在新生叶长出后，可喷施80%代森锰锌可湿性粉剂600倍液、70%丙森锌可湿性粉剂600倍液、78%波尔·锰锌可湿性粉剂600倍液，在发病初期可喷施75%肟菌·戊唑醇水分散粒剂3 000倍液、24%腈苯唑悬浮剂3 000倍液、43%戊唑醇悬浮剂2 500倍液。

2. 斑点病

病原：*Phyllosticta eriobatryae* Thüm，无性型真菌。

病害识别：仅为害叶片，病斑初期为赤褐色小点，后逐渐扩大，近圆形，中央灰黄色，外缘赤褐色（图4），多数病斑愈合后呈不规则形，后期病斑上生有较细密的小黑点（病原菌的分生孢子器），有时排列呈轮纹状，发病严重时可造成早期落叶。

发生特点：病原菌以分生孢子器和菌丝体在病叶上越冬。翌年3～4月间，分生孢子器吸水后，分生孢子自孔口溢出，借风雨传播，侵入寄主为害，一年内可多次侵染，在梅雨季节发病最重。斑点病常与灰斑病、角斑病混合发生，土壤瘠薄，树势衰弱的果园，发病较早且重。多雨及温暖季节，土壤排水不良，容易发病。

防治方法：参考枇杷灰斑病。

图4　斑点病症状

3. 角斑病

病原：*Cercospora eriobortryae* (Enjoji) Sawada，无性型真菌。

病害识别：只为害叶片，发病初期产生褐色斑点，之后病斑沿叶脉扩大，呈不规则形，赤褐色，病健部常有黄色晕环，后期病斑中央稍褪色，长出黑色霉状小粒点。

发生特点：病原菌以子座及分生孢子在病叶上越冬。翌年春季越冬后的分生孢子及新产生的分生孢子，借气流传播，引起初侵染。枇杷角斑病常与灰斑病、斑点病混合发生，土壤瘠薄，树势衰弱的果园，发病较早且重。多雨及温暖季节，土壤排水不良，容易发病。

防治方法：参考枇杷灰斑病。

4.炭疽病

病原：*Glomerella cingulata* (Stonem.) Spauld. & H. Schrenk，属子囊菌门小丛壳属。

病害识别：主要为害果实（图5），其次是叶片、幼苗。发病初期，果实表面产生淡褐色水渍状圆形病斑，逐渐干缩凹陷，表面密生小黑点（分生孢子盘），形成同心轮纹状。湿度大时，病斑表面溢出粉红色黏物（分生孢子团）。病斑继续发展，常数个病斑

图5　炭疽病为害果实症状

连成大病斑，致使全果变褐腐烂或干缩呈僵果（图6）。叶片受害后出现近圆形的病斑，中央灰白色，湿度大时有小黑点（病原菌的分生孢子盘）（图7），边缘暗褐色，病健部明显，发生严重时，多个病斑连结在一起形成大病斑。

图6　僵　果

图7　炭疽病为害叶片症状

发生特点： 病原菌常以菌丝体在病果及病枝梢上越冬，来年春季产生新的分生孢子，随风雨或昆虫传播侵染。果实和幼苗易感病。高温高湿利于发病。干旱地区发病轻。园地低洼，偏施氮肥，枝叶密闭，梅雨季节或大风冰雹后多发病。

防治方法：

（1）农业防治　加强果园清洁工作，发病初期及时摘除病果，同时剪除病枝，并集中销毁，同时加强水肥管理，在采收和贮运过程中应尽量避免机械伤。

（2）化学防治　在抽梢期、花期和幼果期是炭疽病侵染的主要时期，要进行喷药保护，视天气和发病情况，每隔10～15天喷一次药。常用药剂有75%百菌清500～625倍液、25%咪鲜胺乳油1 000～1 500倍液、25%咪鲜胺水乳剂1 000～1 500倍液、50%咪鲜胺锰盐可湿性粉剂1 500倍液、25%丙环唑乳油1 500～2 000倍液。

5.煤污病

病原： *Clasterosporium eriobotryae* Hara，无性型真菌。

病害识别： 该病又称污叶病、煤霉病。为害叶片，开始为污褐色小点，后为暗褐色不规则形或圆形，长出煤烟状霉层之后病斑连成大斑块，甚至全叶变成烟煤状（图8）。严重时全园大部分叶片污染，造成落叶。

图8　煤污病症状

发生特点： 病原菌以分生孢子和菌丝在病叶上越冬，全年都能发病，以梅雨季节及台风过后发病较多。地势低洼，排水不良，树冠郁闭，树势衰弱的果园易发病。

防治方法：

（1）农业防治　加强水肥管理，增强树势，降低果园湿度，同时清除落叶，减少越冬菌源。

（2）化学防治　抓住春梢萌发期时喷药预防，可选用80%代森锰锌可湿性粉剂600倍液、70%丙森锌可湿性粉剂600倍液、78%波尔·锰锌可湿性粉剂600倍液。在发病初期，可选用75%肟菌·戊唑醇悬浮剂3 000倍液、24%腈苯唑悬浮剂3 000倍液、43%戊唑醇悬浮剂2 500倍液进行喷雾。

6.胡麻叶斑病

病原：*Entomosporium eriobotryae* Takimoto，无性型真菌。

病害识别：主要为害叶片，叶片受害初期，出现黑紫色小点，逐步形成直径1～3毫米、周围红紫色、中央灰白色的病斑。发病严重时，许多小病斑连成大病斑，致使叶片枯死脱落。除为害叶片外，果实也受害。

发生特点：病原菌以分生孢子器在病叶上越冬，该病原菌发育起点温度较低，全年中均能侵染传播。多雨的春季和阴雨连绵的秋季为发病盛期，台风季节也易发生。圃地低洼，排水不良，土壤板结，生长衰弱的苗木发病较重。

防治方法：

（1）农业防治　加强水肥管理，增强树势，降低果园湿度，同时清除落叶，减少越冬菌源。

（2）化学防治　预防用80%代森锰锌可湿性粉剂600倍液、70%丙森锌可湿性粉剂600倍液、78%波尔·锰锌可湿性粉剂600倍液。治疗用75%肟菌·戊唑醇悬浮剂3 000倍液、43%戊唑醇悬浮剂2 500倍液、24%腈苯唑悬浮剂3 000倍液。

7.枝干腐烂病

病原：*Physalospora obtusa* (Schw.) Cooke，属子囊菌门。

病害识别：为害枝干，枝干受害后，靠近地面的根颈韧皮部开始褐变，后逐步扩大至全株，发生严重时导致整株死亡。主枝发病后，树皮多开裂翘起。发病轻的影响树势，重的落叶枯枝，树势衰弱。

发生特点：病原菌存在于土壤或病部组织中，在温暖多雨季节从伤口侵入发病。园地潮湿，树势衰弱，枝干受伤等容易导致发病。

防治方法：

（1）农业防治　做好果园排水工作，保持合理的株行距，科学施肥，增强树势，在进行果园管理和采收时，要尽量注意避免造成树皮机械伤，及时防治病虫害、日烧等对树皮造成的伤口。冬季可用白灰涂剂进行枝干刷白，防止日照和昼夜温差引起裂皮。

（2）化学防治　经常巡视果园，发现枝干病皮时要刮除干净，集中烧毁，发病初期喷施70%甲基硫菌灵可湿性粉剂、85%波尔多液·霜脲氰可湿性粉剂。在夏、秋季节枇杷果园每个月用50%醚菌酯水分散粒剂4 000倍液或40%腈菌唑可湿性粉剂6 000倍液喷1次，喷药时要注意把叶片、枝干一起喷湿，可有效控制枇杷枝干腐烂病和叶斑病的发生。

8.花腐病

病原：干腐型，*Pestalotiopsis eriobotrifolia* (Guba) Chen et Cao，湿腐型，*Botrytis cinerea* Pers.均为无性型真菌。

病害识别：为害枇杷花序，造成花穗腐烂。花轴变褐软腐，后期花轴皱缩干枯或萎蔫，容易脱落（图9）。开花中晚期发生较多。

图9　花腐病症状

花腐病可由真菌、细菌为害或气候不良造成，如由细菌引起，用手挤压会有黏液流出。

发生特点： 在枇杷开花期，阴雨连绵不断，湿度大，利于病害发生。湿度越大，发病越严重；树龄短，树势强，通风条件及排水情况好的果园，花腐病发生率低。

防治方法：

（1）农业防治　加强果园管理，提高树体抗逆能力。采果后剪去过密枝条，雨季田间及时排水。控制氮肥，增施磷、钾肥，做到旺树不施氮肥。

（2）化学防治　开花初期，可喷施2%春雷毒素液剂500倍液，或40%嘧霉胺悬浮剂1 000倍液，或50%乙烯菌核利干悬浮剂600倍液。

9. 疫病

病原： *Phytophthora palmivora* (E.J. Butler) E.J. Butler，属卵菌门疫霉属。

图10　疫病症状

病害识别与发生特点： 主要为害果实。果实受害后初期局部出现淡褐色水渍状病斑（图10），后扩至整个果实，病、健部分界不明显。

发生特点： 以卵孢子、厚垣孢子或菌丝体在病残体上越冬，翌年条件适宜时产生孢子囊和游动孢子，借风雨传播，侵染寄主后发病。4 ～ 5月多雨天气发病较多。

防治方法：

（1）农业防治　选好种地块，建立排灌系统，避免在低洼、高湿地段种植；加强田间管理，合理施肥，不偏施氮肥。

（2）化学防治　选用壮苗，种前用50%多菌灵可湿性粉剂1 000倍液浸苗基部10 ～ 15分钟，倒置凉干后种植；花期喷施

50%苯菌灵可湿性粉剂800 ～ 1 000倍液，每隔10天喷施1次，连喷2 ～ 3次。

10. 轮纹病

病原： *Ascochyta eriobotryae* Voglino，无性型真菌（图11）。

病害识别： 主要为害叶片（图12），叶片受害后从叶缘开始形成半圆形至近圆形的病斑，同心轮纹状，中央灰褐色，后期变灰白色，病、健部明显，湿度大时病斑中央有黑色细小点。发生严重时引起整株叶枯，严重削弱树势。

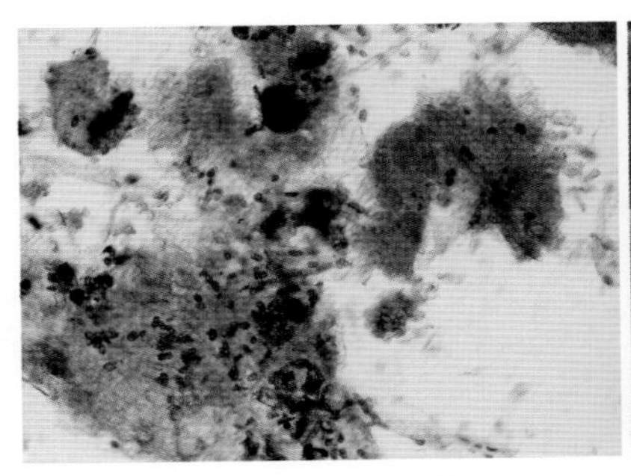

图11　轮纹病镜检

图12　轮纹病症状

发生特点： 春季雨水多，田间湿度大，土壤肥力差发病重，病原菌以分生孢子和菌丝体在病叶或病果的残体上越冬。翌年春季越冬后的分生孢子及新产生的分生孢子，借雨水传播，引起初次侵染。

防治方法： 参考枇杷灰斑病。

11. 枝干褐腐病

病原： *Botryosphaeria obtusa* (Schwein.) Shoemaker，属子囊菌门。

病害识别： 病原菌主要为害枝干，主干和主枝受害后出现不规则病斑，病健交界处产生裂纹，病皮红褐色，呈现鳞片状翘裂（图13），受害皮层坏死以至腐烂，严重时深达木质部，绕枝干一圈，最终全株死亡。

图13　枝杆褐腐病症状

发生特点：病原菌以菌丝体和分生孢子器在树皮中越冬，翌春条件适宜时，产生分生孢子器和分生孢子，借风雨传播，从皮孔和伤口侵入，嫁接、虫害等造成伤口常诱发此病，老产区发病较重。

防治方法：

（1）农业防治　加强果园管理，增强树势，提高抗病力；及时整形修剪，改善通风透光条件，降低果园湿度，同时减少树皮受伤。

（2）化学防治　早期发病后，及时刮除病斑，病部涂刷50%多菌灵可湿性粉剂600倍液。

12. 细菌性褐斑病

病原：*Xanthomonas* sp.，属黄单胞杆菌属。

病害识别：果实转色后期开始发病，果面呈现条形或不规则油渍状的褐色斑，病变组织限于果皮（图14）。果实被害后，不出现腐烂，但果表外观和果实品质受到影响。

发生特点：病原菌在病果表皮越冬，翌年雨季来临时从病斑中溢出，通过雨水、昆虫接触传播。

防治方法：

（1）农业防治　冬季清园，清除树上和落地病果，集中烧毁。

（2）化学防治　喷药保护，青果期喷药，可选用72%农用链霉素1 000倍液或20%噻唑锌悬浮剂300倍液。

图14　细菌性褐斑病症状

13.癌肿病

病原：*Pseudomonas syringae* pv. *eriobotryae* (Takimoto) Dowson.，属假单胞菌属。

图15　癌肿病芽枯症状

病害识别：该病为细菌性病害，主要为害根、枝干和新梢，新梢受害后，新芽上产生黑色溃疡，引起芽枯（图15），常常长出多个侧芽。枝干被害先产生黄褐色不规则病斑，表面粗糙，后隆起开裂，露出黑褐色木质部，并膨大成为癌肿状（图16和图17）。

发生特点：病原菌在枝干病部越冬，来年借风雨、昆虫等传播，从伤口、气孔、皮孔等侵入为害，病虫为害及抹芽、修剪、采果形成的伤口容易发病，多雨及台风季节发病多，树势衰弱发病重。

防治方法：

（1）农业防治　开沟排水，改良土壤，增强树势，提高抗病力；及时剪除病叶、病枝，集中烧毁，在采收、修剪时，使用剪刀，使伤口平滑，不利病原菌侵入，伤口可喷0.5%波尔多液保护，及时防治害虫，防止或减少伤口。

（2）化学防治　每年4～5月刮除病部后，涂刷72%农用链霉素可溶性粉剂或波美5度石硫合剂。可选用20%噻唑锌悬浮剂300倍液、20%溴硝醇可湿性粉剂、1.5%噻霉酮水乳剂喷雾、灌根、涂伤口等。

图16　癌肿病全肿症状

图17　癌肿病肿瘤症状

14. 叶尖焦枯病

病原：尚未明确。

病害识别：主要为害叶片，嫩叶受害后叶尖黄褐色坏死，并逐渐向下扩展，叶尖变黑、枯焦，生长缓慢，叶变小、畸形，严重发病时大部分或全部叶片枯焦（图18），植株新生长点枯死，新叶片无法抽生，出现枝枯。

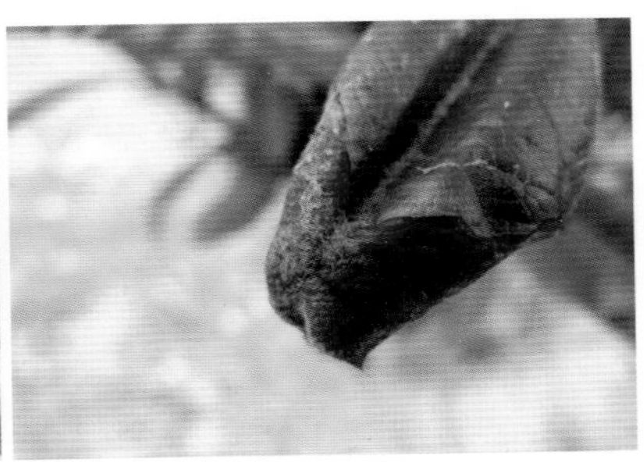

图18 叶尖焦枯病症状

发生特点：该病在春梢和夏梢时发生较普遍，多发生于树干中、下部新叶，不同品种发病有差异。

防治方法：

(1) 农业防治 选用健壮树苗，同时加强果园管理，增强树势，提高抗病力。

(2) 化学防治 枇杷花前、谢花后及果实膨大初期各施1次0.136%芸薹·吲乙·赤霉酸可湿性粉剂10 000倍液，增强树势，提升植株抗病性，喷施时加入流体硼效果更好。

15. 皱果病

病原：尚未明确。

病害识别：从果实膨大至近成熟期间均可发生，果实染病后出现失水、皱缩、干瘪的症状（图19），剥开果实，种子隔膜坏死、变色。

图19 皱果病症状

发生特点： 幼龄树较少发生，盛果期以后发生严重，近成熟阶段发生较多。

防治方法：

（1）选育和种植抗皱果病的品种。

（2）加强果园管理，增施有机肥，做好疏花疏果和剪除病枝工作。

（3）全面推广果实套袋。

（4）幼果期进行根外施肥，有条件地区推广喷灌和施用叶面水分蒸发抑制剂。

16. 地衣和苔藓

病害识别： 地衣和苔藓是真菌和藻类的结合体。枇杷枝干上常见地衣（图20）和苔藓（图21）附生为害，影响枝梢抽长，严重时可使枝条枯死，也有利于其他病虫的滋生和繁殖。

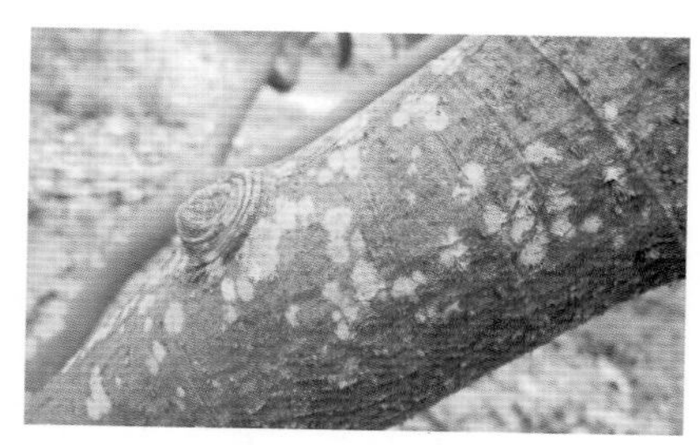

图20　壳状地衣

防治方法：

（1）农业防治　加强果园管理，剪除过密枝梢，利通风透光；搞好排灌，科学施肥，增强树势。

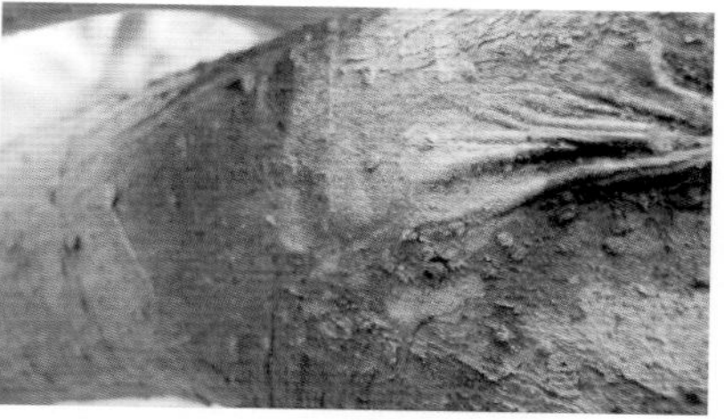

图21　苔　藓

（2）化学防治　刮除病斑，选用30％氧氯化铜悬浮剂500～600倍液，也可用10%～15%石灰乳涂抹。

（二）非侵染性病害

1.裂果病

病害识别： 果肉细胞吸水后迅速膨大，引起外皮胀破，出现不同程度的果肉和果核外露（图22）。

图22　裂果病症状

发生特点： 枇杷果实开始着色前后，遇连续下雨或久旱骤降大雨，易发生，绿果期不易发生。此外，果实裂果后病原物易侵入引起果实腐烂（图23）。

防治方法：

（1）农业防治　一是选用不易发生裂果的品种；二是实行果实套袋（图24），可有效预防裂果的发生。

图23　裂果后病原物侵入引起果实腐烂

图24　枇杷果实套袋

（2）化学防治　果皮转淡绿色时，喷施1次100毫克/升乙烯利，可预防裂果和促进早熟。

2.冻害

病害识别：主要发生在早春期间，海拔高的种植区域发生重，早期植株受害后，花托、子房和胚珠均变褐色，后期受害后果肉和种子均变褐色，不能正常挂果（图25），常常是区域性发生，对枇杷产量影响极大。

图25 冻 害

发生特点：2～3月份，倒春寒严重时发生严重。

防治方法：

（1）农业防治 增施有机肥，特别是花前肥和秋肥，可增强树势，推迟花期，以避开冻害。管理较为方便的果园，在气温降低前，适当疏除早开的头花，尽量保留二次花和三次花。

（2）化学防治　枇杷花前、谢花后及果实膨大初期各喷施1次0.136%芸薹·吲乙·赤霉酸可湿性粉剂10 000倍液，提高植物活力，增加细胞膜中不饱和脂肪酸的含量，使之在低温下能够正常生长。

二、枇杷害虫

1. 中国梨木虱

学名： *Psylla chinensis* Yang et Li，属半翅目木虱科。

为害特征： 春季成虫、若虫多集中于新梢、叶柄为害，夏秋季则多在叶背吸食为害。成虫及若虫吸食芽、叶、嫩梢及花序（图26），受害叶片叶脉扭曲，叶面皱缩，产生枯斑，并逐渐变黑，提早脱落。第一代若虫为害初萌发的芽，常钻入已展开的芽内、嫩叶及新梢吸食汁液为害，第二代以后的各代若虫多在叶片上危害，排泄大量蜜液状分泌物，易诱致煤污病。

图26　中国梨木虱为害花序

形态识别：

成虫：体长2.5 ~ 3毫米，翅展7 ~ 8毫米，黄绿色、黄褐色、红褐色或黑褐色（图27）。额突白色，复眼黑色。触角褐色，末

图27　中国梨木虱成虫

端2节黑色。胸部有深色纵条。足色较深。前翅端部圆形，膜区透明，脉纹黄色。

卵：圆形，淡黄色至黄色（图28）。

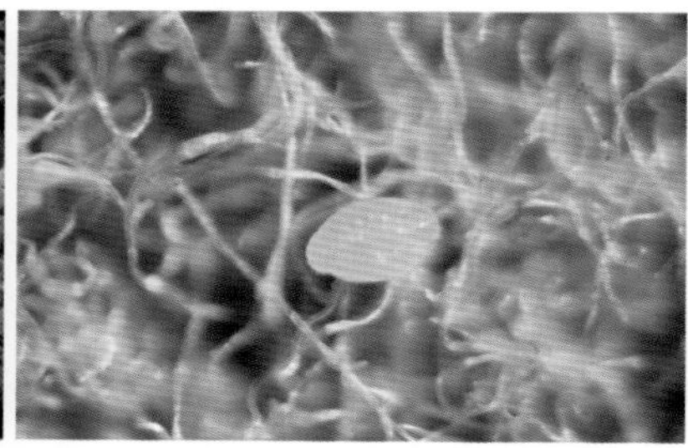

图28　中国梨木虱卵

若虫：扁圆形，初孵若虫呈淡绿色，后为绿褐色，翅芽在身体两侧突出，呈椭圆形（图29）。

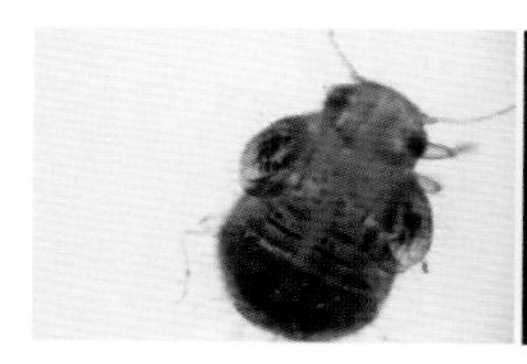
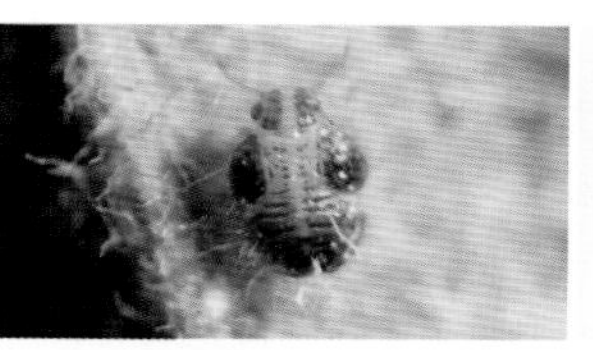

图29　中国梨木虱若虫

生活习性： 1年发生4 ~ 5代，并有世代重叠现象。以成虫和小部分若虫在枝条芽沟上、树皮裂缝中以及落叶下越冬。为害叶片、嫩芽、新梢和花蕾。若虫有群集习性，喜阴暗，多栖息于卷叶或重叠叶片的缝隙内。

防治方法：

（1）农业防治　冬季清园，秋末早春刮除老树皮，清理残枝、落叶及杂草，集中烧毁或深埋，同时树冠枝芽、地面全面喷布波美3 ~ 5度石硫合剂，消灭越冬成虫。秋季9月下旬在树干上缠草把，诱杀越冬成虫，严冬来临前全园灌水，可大大减少越冬虫口数。

(2) 物理防治　在果园内挂置黄色和蓝色黏虫板，利用中国梨木虱的趋色性，诱杀成虫。

(3) 生物防治　保护利用天敌，如花蝽、草蛉、瓢虫、寄生蜂等，其中以寄生蜂控制作用最大，卵的自然寄生率达50%以上，应避免在天敌发生盛期施用广谱性杀虫剂。

(4) 化学防治　重点抓好越冬成虫出蛰期和第一代若虫孵化盛期喷药，药剂可选用52.25%氯氰·毒死蜱乳油1 500 ～ 2 000倍液喷施。

2.橘蚜

学名：*Toxoptera citricidus* (Kirkaldy)，属半翅目蚜科。

为害特征：主要为害新梢，成虫和若虫群集在新梢的嫩叶上吮吸汁液，被害嫩叶卷缩（图30），阻碍生长，并能诱发煤污病。

形态识别：

成虫：无翅胎生雌蚜体长约1.3毫米，全体漆黑色，触角灰褐色，复眼红黑色，腹管呈管状，尾片上着生丛毛。有翅胎生雌蚜与无翅胎生雌蚜相似，但触角第3节有感觉圈12 ～ 15个，呈分散排列，翅白色透明，前翅中脉分三叉。

图30　橘蚜为害状

若虫：体褐色，有翅蚜三龄以后可见翅芽。

卵；长约0.6毫米，椭圆形，初产时呈淡黄色，后变黑色。

生活习性：橘蚜1年发生15 ～ 20代，最适繁殖温度为24 ～ 27℃，以晚春和早秋繁殖数量最多。

防治方法：参见杨梅梨二叉蚜。

3.梨大绿蚜

学名：*Nippolachnus piri* Matsumura，又名日本大蚜，属半翅目大蚜科。

图31 梨大绿蚜

为害特征：主要以成虫和若虫群集于叶背主脉两侧刺吸汁液（图31），被害叶呈现失绿斑点，为害严重时引起早期落叶，树势削弱。

形态识别：

成虫：无翅胎生雌蚜长约3.5毫米，体细长后端粗大，淡绿色，密生细短毛。头部较小，复眼较大，淡褐色，胸腹部背面的中央及体两侧具浓绿色斑纹，腹管瘤状，短大多毛，尾片半圆形较小，上生许多长毛。足细长，密生长毛，胫节末端和跗节黑褐色，跗节2节。有翅胎生雌蚜体长约3毫米，翅展约10毫米，体细长，有淡黄色微毛，头小，触角6节，腹部中央及两侧有大黑斑，腹管短大呈瘤形，附近黑色，翅膜透明，主脉暗褐色。

若虫：体小，体与无翅胎生雌蚜类似。

卵：初产时淡黄色，后变黑色，长椭圆形。

生活习性：梨大绿蚜以卵在枇杷叶片上越冬，翌年3月孵化为害，5月有翅雌蚜迁飞扩散为害。

防治方法：参见参见杨梅梨二叉蚜。

4.枇杷巨锥大蚜

学名：*Pyrolachus macroconus* Zhang et Zhong，属半翅目大蚜科。

为害特征：常群集于枝条上吸取汁液（图32），被害枝条生长不良，直至枯死，排泄物蜜露常引起煤污病发生，对树势影响极大。

形态识别：

成虫：体长5.0 ~ 5.6毫米左右，椭圆形，灰黑色，披白粉，触角6节，足部腿节为黄褐色，其余为黑褐色，腹背各节有菊瓣状黑色节间斑6个，排列呈6行。腹部第8节有一黑色横纹，腹管短，截位于多毛圆锥体上（图33）。

图32　枇杷巨锥大蚜群集为害

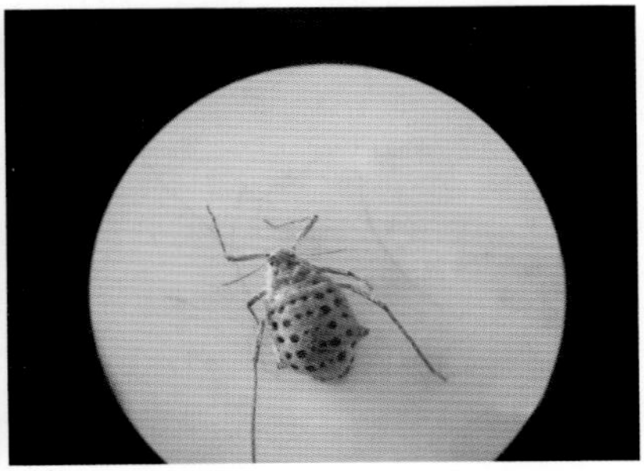

图33　枇杷巨锥大蚜

若虫：椭圆形，长约2.2 ~ 4.5毫米，淡黄色至黑褐色，有白粉，腹部瘤状突起明显。

卵：长椭圆形，初产呈黄褐色，后变黑色。

生活习性：1年发生2代，以卵在枇杷枝干、叶或其它附着物上越冬，翌年气温回升时孵化，以孤雌胎生繁殖。

防治方法：参见参见杨梅梨二叉蚜。

5.大青叶蝉

学名：*Tettigella viridis* Linnaeus，属半翅目叶蝉科，又称青叶跳蝉、青大叶蝉等。

为害特征：成虫和若虫为害叶片，刺吸汁液，造成褪色、畸形、卷缩，甚至全叶枯死。

形态识别：头冠黄绿色，前部两侧有淡褐色弯曲横纹，具1对单眼，黄褐色，单眼间有1对黑色斑，复眼褐色，颜面在颊缝末端有1黑色小点，前胸背板半部黄绿色，后半部深青绿色，小盾片黄绿色，前翅青绿色，前域淡白色，翅端白色透明，腹部背面蓝黑色，胸部腹板和足橙黄色，腹部背、腹面橙黄色。

生活习性：北方1年发生3代，南方5～6代。该虫以卵越冬，越冬卵3月底至4月初孵化，羽化时间约在5月中下旬，成虫趋光性强，7～9月份为成虫活动盛期。

防治方法：

（1）农业防治　加强果园管理，秋冬季节，彻底清除落叶，铲除杂草，集中烧毁，消灭越冬成虫。

（2）化学防治　越冬成虫开始活动时，以及各代若虫孵化盛期选用70%吡虫啉水分散粒剂3 000倍液、2.5%溴氰菊酯乳油1 000倍液，10%醚菊酯悬浮剂1 000～1 500倍液等，添加有机硅助剂效果更佳。

6.小绿叶蝉

学名：*Empoasca flavescens* (Fabricius)，属半翅目叶蝉科。

为害特征、形态识别、生活习性、防治方法，参见杨梅小绿叶蝉。

7.桑盾蚧

学名：*Pseudaulacaspis pentagona* (Targioni-Tozzetei)，又叫桑白蚧，属半翅目盾蚧科。

为害特征：以若虫和雌成虫群集树干、树枝固定取食果树的汁液（图34），6～7天后开始分泌物质形成蚧壳，蚧壳形成后，防治比较困难。严重发生时，蚧壳布满枝干，造成树势衰弱，甚至枝条和植株死亡。如果防治不力，几年内可毁坏枇杷园。

害虫识别：

成虫：雌虫无翅，在黄褐色的介壳下，蚧壳近圆形，直径2.0～2.5毫米，拨开介壳，可见淡黄色的虫体（图35）；雄虫有翅，蚧壳细长，白色，1.0～1.5毫米（图36）。

若虫：椭圆形，雌虫橘红色，雄虫淡黄色，一龄时有3对足，二龄后退化。

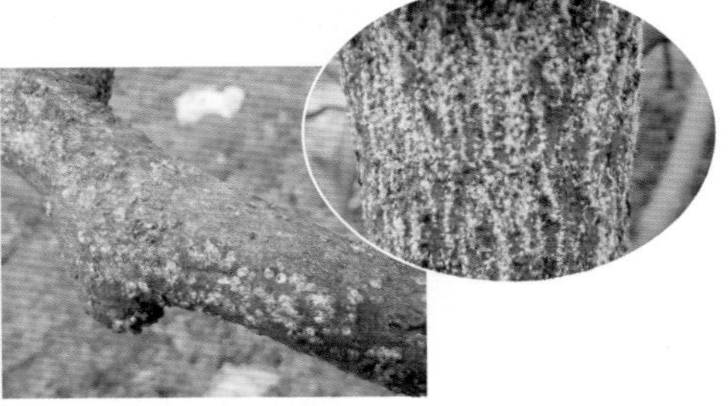

图34 桑盾蚧为害状

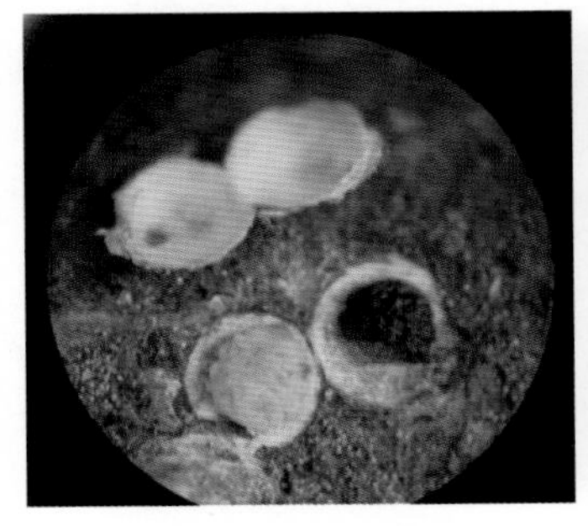

图35 桑盾蚧雌虫

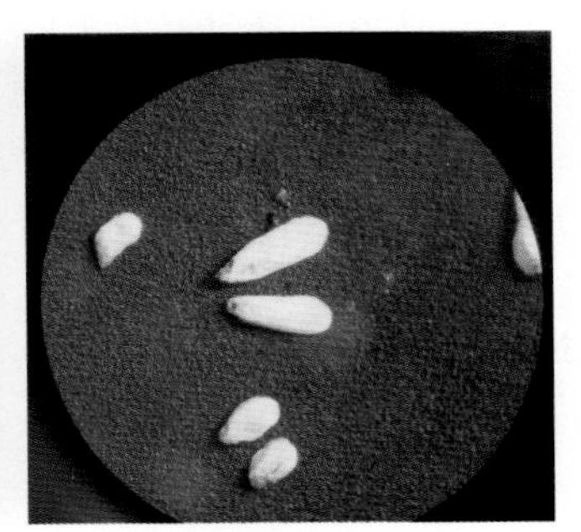

图36 桑盾蚧雄虫

卵：椭圆形，淡红色。

生活习性： 1年发生4代，以受精雌成虫在枝干上越冬，翌年果树萌动之后开始吸食为害，2月底至3月中旬为越冬成虫产卵盛期，第一代、第二代若虫孵化较整齐，第三代、第四代不甚整齐，世代重叠。

防治方法：

（1）植物检疫　加强检疫，调进苗木时，发现带有桑盾蚧，应将苗木烧毁。

（2）农业防治　冬季清园时剪除受害重的枝条。

（3）化学防治　在幼虫孵化后分散为害初期，及时施药防治。

可喷施24%螺虫乙酯悬浮剂4 000 ～ 5 000倍液、99% SK矿物油100 ～ 200倍液、48%毒死蜱乳油1 000倍液，用药时加上有机硅助剂效果更佳。

8.矢尖蚧

学名： *Unaspis yanonensis* (Kuwana)，又名矢尖盾蚧，属半翅目盾蚧科。

为害特征： 以成虫和若虫群集在枝干、叶片上，吸食植株汁液，重者造成叶片干枯卷缩，削弱树势甚至枯死。

形态识别：

成虫：雌虫介壳细长，长约2.0 ～ 3.5毫米，紫褐色，周围有白边，前端尖，后端宽，中央有一纵脊，脱皮位于前端。雄虫介壳白色，长约1.3 ～ 1.6毫米，两侧平行，壳背有3条纵脊，脱皮位于前端。雌成虫体长形，橘黄色，长约2.5毫米，长约0.5毫米，具翅1对。

卵：椭圆形，长约0.2毫米，橙黄色。

生活习性： 贵阳地区一年发生3 ～ 4代，以受精雌虫越冬，翌年5月中、下旬产卵，第一代若虫于5月中、下旬出现，为害枇杷叶片及果实，第二代、第三代若虫分别在7月中旬及9月上旬出现，为害叶片及枝干，雌成虫产卵期可达40余天，卵产于母体下，每头雌虫可产卵100余粒。

防治方法：

（1）农业防治　结合修剪，剪除有虫叶、枝，集中烧毁。

（2）化学防治　在若虫卵孵高峰期喷施24%螺虫乙酯悬浮剂4 000 ～ 5 000倍液、99% SK矿物油100 ～ 200倍液、48%毒死蜱乳油1 000倍液，用药时加上有机硅助剂效果更佳。

9.草履蚧

学名：*Drosicha corpulenta* Walker，属半翅目硕蚧科。

为害特征、形态识别、生活习性和防治方法参见杨梅草履蚧。

10. 丽盾蝽

学名：*Chrysocoris grandis* (Thunberg)，属半翅目蝽科。

为害特征：以成虫、若虫取食嫩梢，严重时导致嫩梢枯死。

形态识别：

成虫：体长19 ~ 25毫米，宽9 ~ 12毫米，长椭圆形，体黄色，具淡紫蓝色闪光，头基部与中叶蓝黑色，中叶端部两侧为黄色，侧叶外缘内凹，复眼棕黑，单眼棕红，触角、头部腹面、喙及足均为黑色，触角第2节短于第1节，雌虫前胸背板前缘中间有一短横黑斑与头基部相连，雄虫前胸背板前半部的中央有1个电灯光状的黑斑，前胸背板侧角处有时隐约可见1个黑点。

卵：圆筒形，初产时为白色，后变为黑褐色。

若虫：椭圆形，长约12 ~ 18毫米，金黄色。

生活习性：在我国每年发生1代，以成虫在密蔽的树叶背面越冬较集中，翌年3 ~ 4月开始括动，多分散为害，5 ~ 6月为害较重。

防治方法：

（1）农业防治　加强肥水管理，增强树势，提高抗虫力。

（2）生物防治　选用1%苦皮藤素水乳剂300倍液进行防治。

（3）化学防治　5%吡虫啉可湿性粉剂1 000 ~ 1 500倍、25%溴氰菊酯乳油1 500倍液喷雾防治。

11. 麻皮蝽

学名：*Erthesina fullo* (Thunberg)，属半翅目蝽科。

为害特征：以若虫和成虫吸食嫩梢、叶片及果实汁液，发生严重时可造成大量叶片提前脱落、受害枝干枯死及落果。

形态识别：

成虫：体长20 ~ 25毫米，黑褐色，密布黑色刻点及黄色不规则小斑。头部前端至小盾片有1条黄色细中纵线。前胸背板有多个黄白色小点，腿节两侧及端部呈黑褐色，气门黑色，腹面中央具1

图37 麻皮蝽

条纵沟，前翅标褐色，边缘具有许多黄白色小点（图37）。

卵：圆形，淡黄色。

若虫：呈椭圆形，低龄若虫胸腹部有多条红、黄、黑相间的横纹。二龄后体呈灰褐色至黑褐色。

生活习性：1年发生1代，以成虫在枯叶下、草丛中、树皮裂缝中越冬，翌年3月下旬出蛰活动为害。

防治方法：

（1）农业防治　人工摘除卵块。

（2）生物防治　选用1%苦皮藤素水乳剂300倍液进行防治。

（3）化学防治　在若虫盛发期时喷施1%甲氨基阿维菌素苯甲酸盐乳油1 000倍液、50%氟啶虫胺腈水分散粒剂5 000倍液等化学药剂。

12. 梨叶甲

学名：*Paropsides duodecimpustulata* (Gelber)，属鞘翅目叶甲科。

为害特征、形态识别、生活习性和防治方法，参见杨梅梨叶甲。

13. 星天牛

学名：*Anoplophora chinensis* (Forster)，属鞘翅目天牛科。

为害特征（图38）、形态识别（图39）、生活习性和防治方法，参见杨梅星天牛。

图38　星天牛幼虫为害枝干

图39　星天牛成虫

14. 桑天牛

学名：*Apriona germari* (Hope)，属鞘翅目天牛科。

为害特征、形态识别、生活习性和防治方法，参见杨梅桑天牛。

15. 铜绿丽金龟

学名：*Anomala corpulenta* Motschulsky，属鞘翅目丽金龟科。

为害特征、形态识别、生活习性和防治方法，参见杨梅铜绿丽金龟。

16. 大蓑蛾

学名：*Clania variegata* Snellen，又名大袋蛾，属鳞翅目蓑蛾科。

为害特征、形态识别、生活习性和防治方法，参见杨梅大蓑蛾。

17. 白囊蓑蛾

学名：*Chalioides kondonis* Matsumura，属鳞翅目蓑蛾科。

为害特征、形态识别、生活习性和防治方法，参见杨梅白囊蓑蛾。

18. 梨小食心虫

学名：*Grapholitha molesta* Busck，属鳞翅目卷蛾科。

图40 梨小食心虫为害果实

为害特征：以幼虫蛀入枇杷果实、枝梢为害，果实被害后，蛀孔处有虫粪排出（图40），先蛀食果肉，后蛀入果核内。枝梢被害后，幼虫向下蛀至木质化处即转移。

形态识别：

成虫：成虫体长4.5 ~ 6.0毫米，翅展10 ~ 14毫米，体灰褐色，触角丝状，前翅灰黑色，边缘有10组白色斜纹，翅面上密布灰白色鳞片，外缘约有10个小黑斑，后翅浅茶褐色，腹部与足呈灰褐色。

卵：初乳白色，后变淡黄色，扁椭圆形，中央隆起。

幼虫：体长10 ~ 13毫米，体色呈淡黄色至淡红色，头黄褐色，臀栉4 ~ 7齿，腹足趾钩单序环30 ~ 40个，臀足趾钩20 ~ 30个。前胸气门前片上有3根刚毛（图41）。

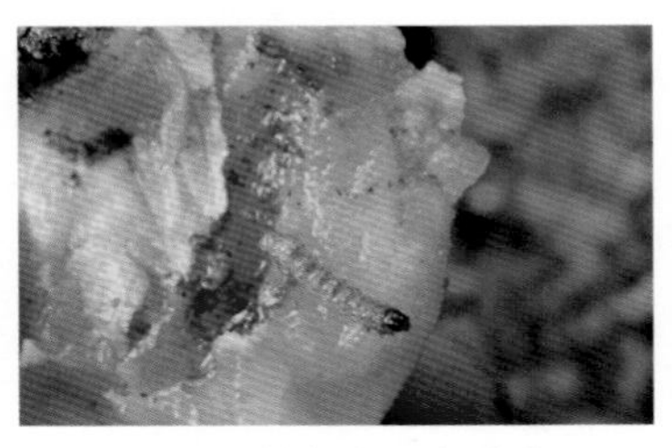

图41 梨小食心虫幼虫

蛹：长6 ~ 7毫米，黄褐色，纺锤形。

生活习性：贵州地区1年发生4 ~ 5代，以老熟幼虫在树干裂缝中或翘皮下结茧越冬。在贵阳地区越冬代幼虫于3月下旬至4月上旬化蛹，第一代幼虫出现时间为4月下旬左右；黔西南、黔南地区越冬代幼虫于3月中下旬化蛹，第一代幼虫出现4月中旬左右。幼虫孵化后，直接蛀入果实中，取食果肉。成虫有趋光性，白天多静伏，黄昏时活动，夜间产卵，散产在果面。

防治方法：

（1）农业防治　一是建立新果园时，尽量不要与梨、桃、李混栽；二是消灭越冬虫源，在果树休眠期刮除老皮、翘皮烧毁；三是受害严重的果园，进行果实套袋，能够有效防治梨小食心虫为害。

（2）物理防治　一是从4月上旬开始，设置频振式杀虫灯或黑光灯诱杀成虫；二是配制糖醋液诱杀成虫；三是使用性诱剂诱捕雄虫。

（3）生物防治　发现幼虫孵化盛期或果实受害初期，喷施生物农药，可选用100亿孢子/毫升短稳杆菌悬浮剂600 ~ 800倍液、16 000国际单位/毫克苏云金杆菌可湿性粉剂600倍液、100亿PIB/克斜纹夜蛾核型多角体病毒悬浮剂（60 ~ 80毫升/亩）、1.8%阿维菌素乳油（40 ~ 80毫升/亩）等生物药剂进行防治。

19. 咖啡豹蠹蛾

学名：*Zeuzera coffeae* Neitner，属鳞翅目木蠹蛾科。

为害特征：以幼虫蛀食枝条，初孵幼虫群集丝幕下取食卵壳，2 ~ 3天后幼虫扩散，幼虫蛀入枝条后，在木质部与韧皮部之间绕枝条蛀一环道。由于输导组织被破坏（图42），枝条很快枯死。造成枝条枯死，每遇大风，被蛀枝条常在蛀环处折断下垂或落地。

图42　咖啡豹蠹蛾幼虫为害枝条

形态识别：

成虫：体长20 ～ 26毫米，翅展约45毫米，体背均有灰白色毛，具青蓝色斑点，翅黄白色，翅脉间密布大小不等的青蓝色短斜斑点，外缘有8个近圆形的青蓝色斑点。

卵：椭圆形，淡黄白色。

图43　咖啡豹蠹蛾幼虫

幼虫：初龄时为紫黑色，随虫龄增大变为暗紫红色。老熟幼虫体长约30毫米，头呈橘红色，头顶、上颚、单眼区域呈黑色，前胸背板黑色，后缘有锯齿状小刺1排，臀板黑色（图43）。

蛹：赤褐色，长14 ～ 27毫米，蛹的头端有1个尖的突起。

生活习性：1年发生1 ～ 2代，以幼虫在被害枝条的虫道内越冬，翌年3月中、下旬幼虫开始取食，4 ～ 6月化蛹，5月中旬～ 7月成虫羽化。

防治方法：

（1）农业防治　及时剪除受害枝，集中烧毁或深埋。

（2）物理防治　利用成虫的趋光性，使用频振式杀虫灯或黑光灯诱杀成虫。

（3）生物防治　在卵孵高峰期选用100亿孢子/毫升短稳杆菌悬浮剂600 ～ 800倍液、100亿PIB/克斜纹夜蛾核型多角体病毒悬浮剂（60 ～ 80毫升/亩）、16 000国际单位/毫克苏云金杆菌可湿性粉剂600倍液、1.8%阿维菌素乳油（40 ～ 80毫升/亩）等生物药剂进行防治。

（4）化学防治　可选用25%灭幼脲悬浮剂4 000倍液、20%虫酰肼悬浮剂（13.5 ～ 20克/亩）、20%氟苯虫酰胺水分散粒剂水分散粒剂3 000倍液、10%阿维·氟酰胺悬浮剂1 500倍液、1%甲氨基阿维菌素苯甲酸盐乳油等低毒高效农药进行防治。

20. 舟形毛虫

学名： *Phalera flavescens* (Bremer et Grey)，又名苹果舟蛾，属鳞翅目舟蛾科。

为害特征： 为害枇杷叶片，幼虫是一种暴食性害虫。低龄幼虫啃食叶肉，留下网状叶脉，幼虫长大后，能将全叶吃光只留叶脉或叶柄，严重影响树势。

形态识别：

成虫：翅展35 ～ 60毫米。前翅淡黄白色，顶角有2个醒目的暗灰褐色斑，一个在中室下近基部，圆形，外侧衬里褐色半月形斑，中间有一红褐纹相隔，另一个在外缘区呈带形，2个斑之间有3 ～ 4条不清晰的黄褐色波浪形线。

卵：圆球形，直径约0.8毫米，初产为乳白色，将孵化时为灰白色。

幼虫：头黑色，全体紫红色，密被长白毛，老熟时呈紫黑色，毛呈米黄色，亚背线和气门上线灰白色，气门下线和腹线暗紫色。

蛹：长约20 ～ 30毫米，红褐色。

生活习性： 1年发生1代，以蛹在土表中越冬，翌年7月上旬至8月上旬成虫羽化。成虫昼伏夜出，趋光性较强，常产卵于叶背，密集成块，初孵幼虫有群集于叶背的习性，幼虫啃食叶肉呈灰白色透明网状，三龄后分散为害，有受惊吐丝下垂的习性。

防治方法：

（1）农业防治　在幼虫发生初期，人工剪除群栖枝叶上的幼虫，春季结合果园耕耘翻土杀蛹。

（2）物理防治　利用成虫的趋光性，使用频振式杀虫灯或黑光灯诱杀成虫。

（3）生物防治　在卵孵高峰期选用100亿孢子/毫升短稳杆菌悬浮剂600 ～ 800倍液、16 000国际单位/毫克苏云金杆菌可湿性粉剂600倍液、1.8%阿维菌素乳油（40 ～ 80毫升/亩）等生物药剂进行防治。

(4) 化学防治　幼虫防治可用20%氟苯虫酰胺水分散粒剂水分散粒剂3 000倍液、10%阿维·氟酰胺悬浮剂1 500倍液、1%甲氨基阿维菌素苯甲酸盐乳油、2%阿维·苏云菌可湿性粉剂等，用药时加上昆虫诱食剂效果更佳。

21.黄刺蛾

学名： *Cnidocampa flavescens* (Walker)，属鳞翅目刺蛾科。

为害特征、形态识别、生活习性、防治方法，参见杨梅黄刺蛾。

22.茶木蛾

学名： *Linoclostis gonatias* Meyrick，又名茶堆砂蛀蛾，属鳞翅目木蛾科。

为害特征： 初孵幼虫吐丝黏结叶片，于其中取食叶肉，三龄以后蛀入枝条为害，在蛀孔周围吐丝缀连木屑、虫粪，形成黄褐色虫巢，状似堆砂。

形态识别：

成虫：黄白色，有暗灰鳞，体长8 ～ 10毫米，翅展14 ～ 20毫米。头部淡棕色。下唇须长镰刀形，黄白色。雌蛾触角丝状，淡褐色至暗褐色，雄蛾触角短栉状，黑褐色。胸部暗褐色，前翅草黄色，前缘浅，后缘深，鳞片有丝样光泽，翅脉明显。足灰白色，后足有距2对，跗节尖端或末端黑褐色，腹面灰白色有光泽。

卵：呈球形，乳黄色。

幼虫：老熟幼虫12 ～ 15毫米，头红褐色，前胸黑褐色，中胸红褐色，腹部各节具黑色小点6对，前列4对，后列2对，黑点上着生1根细毛。

蛹：体长8毫米，圆筒形，红褐色至黄褐色，腹末有1对三角形刺突。

生活习性： 1年发生1代，以幼虫在梢内越冬，越冬幼虫于5月上旬至7月上旬化蛹，5月中旬至8月中旬羽化。

防治方法：

(1) 农业防治　加强果园管理，使其生长发育正常，减少虫害。

(2) 物理防治　利用成虫的趋光性，使用频振式杀虫灯或黑光灯诱杀成虫。

(3) 生物防治　在卵孵高峰期选用100亿孢子/毫升短稳杆菌悬浮剂600～800倍液、16 000国际单位/毫克苏云金杆菌可湿性粉剂600倍液、1.8%阿维菌素乳油（40～80毫升/亩）等生物药剂进行防治。

(4) 化学防治　可选用20%氟苯虫酰胺水分散粒剂水分散粒剂3 000倍液、10%阿维·氟酰胺悬浮剂1 500倍液、1%甲氨基阿维菌素苯甲酸盐乳油、2%阿维·苏云菌可湿性粉剂等，用药时加上昆虫诱食剂效果更佳。

23. 枇杷瘤蛾

学名： *Melanographia flexilineata* Hampson，又叫枇杷黄毛虫，属鳞翅目灯蛾科。

为害特征： 主要以幼虫取食为害，幼虫啃食枇杷嫩芽、幼叶、老叶，严重时，叶片全部啃食光，仅留叶脉。

形态识别：

成虫：体长在8～10毫米，翅展21～26毫米，灰白色，有银光，前翅灰色，有3条黑色波折斑纹，翅缘上有7个黑色锯齿形斑。

卵：扁圆形，直径约0.6毫米，淡黄色。

幼虫：体黄色，老熟幼虫体长约22毫米，第3腹节背面对称2个黑色毛瘤，有4对腹足（图44）。

蛹：体长10～12毫米，近椭圆形，颜色由黄色至淡褐色。

生活习性： 贵州地区1年发生4代，第一代幼虫发生于5月上、中旬，第二代幼虫发在6月下旬左右，第三代幼虫发生7月下旬至8月上旬，第四代幼虫发生在9月上中旬，9月中旬后，幼虫陆续在树皮裂缝、分枝处或附近的灌木上吐丝、结茧，以蛹态越冬，翌年4 ～ 5月羽化成蛾。

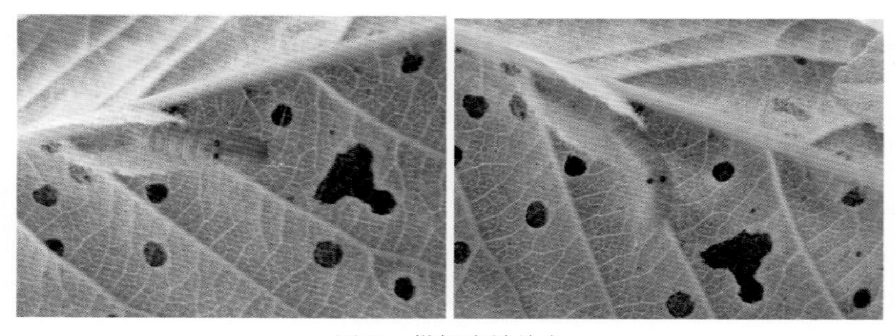

图44　枇杷瘤蛾幼虫

防治方法：

（1）农业防治　结合冬季清园工作，摘除虫茧，降低虫口基数。

（2）物理防治　使用频振式杀虫灯诱杀成虫。

（3）生物防治　一是保护和利用舞毒蛾黑瘤姬蜂等寄生性天敌，二是可选用的100亿孢子/毫升短稳杆菌悬浮剂600 ～ 800倍液、16 000国际单位/毫克苏云金杆菌可湿性粉剂600倍液等生物农药。

（4）化学防治　在低龄幼虫盛发期可选用10%阿维·氟酰胺悬浮剂1 500倍液、1%甲氨基阿维菌素苯甲酸盐乳油1 000倍液等化学农药进行防治。

24. 双线盗毒蛾

学名：*Porthesia scintillans*(Walker)，属鳞翅目毒蛾科。

为害特征：以幼虫为害枇杷叶、花穗、果实，以啃食叶片为主(图45)，严重时，叶片全部啃食光，导致植株长势衰弱，甚至死亡。

形态识别：

成虫：体长12 ～ 14毫米，翅展20 ～ 38毫米，暗褐色。前翅黄褐色至红褐色，内、外线黄色；前缘、外缘和缘毛柠檬黄色，外缘和缘毛被黄褐色部分分隔成3段，后翅淡黄色。

卵：呈扁圆形，成块排列。

幼虫：老熟幼虫体长20 ~ 25毫米，头部褐色，胸腹部暗棕色，中胸和第3 ~ 7腹节和第9腹节背线黄色，其中央贯穿红色细线，后胸红色。前胸侧瘤红色，第1、第2和第8腹节背面有黑色绒球状短毛簇，其余毛瘤污黑色或浅褐色（图46）。

蛹：体长约12 ~ 15毫米，圆锥形，深褐色。

图45　双线盗毒蛾为害状

图46　双线盗毒蛾幼虫

生活习性：1年发生7代，以三龄以上幼虫在叶片上越冬，翌年3月下旬开始结茧化蛹。卵成块产于嫩叶背面，初孵幼虫具有群栖性，三龄以后分散取食。

防治方法：

（1）农业防治　结合冬季清园工作，摘除越冬幼虫。

（2）物理防治　使用频振式杀虫灯诱杀成虫。

（3）生物防治　在幼虫盛期喷施400亿孢子/克球孢白僵菌可湿性粉剂（25 ~ 30克/亩）、100亿PIB/克斜纹夜蛾核型多角体病毒悬浮剂（60 ~ 80毫升/亩）等生物农药。

（4）化学防治　在幼虫暴发为害初期可选用25%灭幼脲悬浮剂4 000倍液、10%阿维·氟酰胺悬浮剂1 500倍液、1%甲氨基阿维菌素苯甲酸盐乳油1 000倍液等化学农药进行防治。

25. 桃蛀螟

学名：*Dichocrocis punctiferalis* Guenee，属鳞翅目螟蛾科。

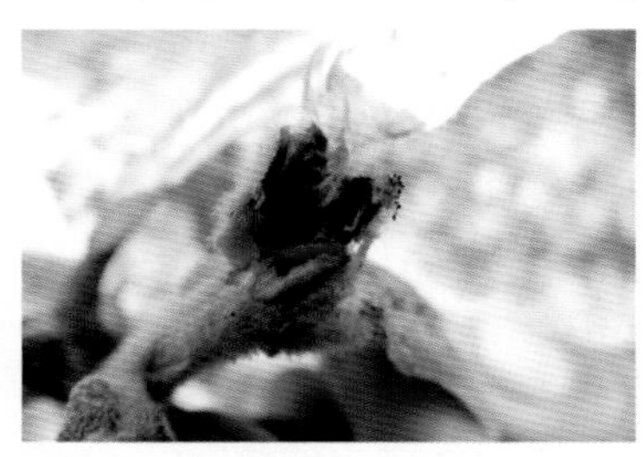
图47 桃蛀螟幼虫为害状
（兴义市植保植检站 提供）

为害特征：主要以幼虫蛀食枇杷的花蕾、花蕊及部分嫩枝（图47）。受害后，花蕾不能开花，花蕊不能授粉，造成枇杷大幅减产。同时幼虫蛀食枇杷幼果，造成大量落果、虫果，严重影响枇杷的食用和商品价值。

形态识别：

成虫：体长10 ~ 12毫米，翅展20 ~ 25毫米，前后翅散生多个黑斑，类似豹纹。腹部背面黄色（或淡黄色），第1节、第3节、第6节背面各有3个黑斑，第7节背面上有时只有1个黑斑，第2节、第8节无黑点（图48）。

图48 桃蛀螟成虫

卵：长约0.6毫米，椭圆形，初产时为乳白色，后变红褐色。

幼虫：老熟幼虫体长在20 ~ 22毫米，体色多呈淡褐色至暗红色。头、前胸盾片、臀板暗褐色或灰褐色，各体节毛片明显，第1 ~ 8腹节各有6个灰褐色斑点，呈2横排列，前排4个，后排2个（图49）。

蛹：体长10 ~ 13毫米，淡黄绿至褐色，臀棘细长，末端有曲刺6根（图50）。

生活习性：1年发生3 ~ 4代，主要以老熟幼虫在干僵果内、树干枝杈、树洞、翘皮下、贮果场、土块下等处结厚茧越冬。越冬代成虫4月上旬始见。成虫白天静伏于枝叶稠密处的叶背和杂草丛中，夜晚飞出，进行羽化、交尾和产卵，以及取食花蜜、露水以补充营养等活动。对黑光灯有较强趋性，对糖醋液也有趋性。

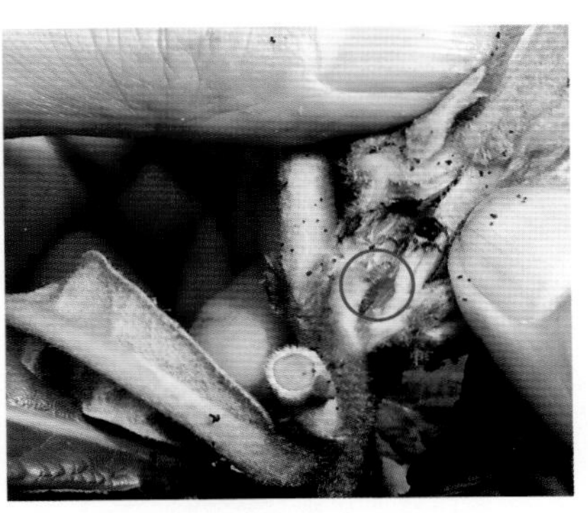

图49　桃蛀螟幼虫
（兴义市植保植检站 提供）

防治方法：

（1）农业防治　一是在果园周围种植小面积向日葵诱集成虫产卵，集中消灭；二是枇杷主杆绑草把、主枝绑布条，诱集越冬老熟幼虫，早春及时清除集中烧毁；三是果实套袋，可有效减少桃蛀螟在果实上产卵。

图50　桃蛀螟蛹

（2）物理防治　配制配制食物源诱剂诱杀成虫，配方为糖：酒：醋：水的配比为1：1：4：16或1：2：0.5：16，并加入少量洗衣粉或洗洁精，诱盆挂于离地面1.5～2.0米的树枝上方，每亩挂30个。

（3）生物防治　一是保护利用天敌，在桃蛀螟成虫盛期释放松毛虫赤眼蜂，每5～7天放蜂1次，每代2～3次，放蜂量每次为2～3万头/亩；二是使用生物药剂，可选用400亿孢子/克球孢白僵菌可湿性粉剂（25～30克/亩）、16 000国际单位/毫克苏云金杆菌可湿性粉剂600倍液、1.8%阿维菌素乳油（40～80毫升/亩）等生物农药。

（4）化学防治　在成虫发生高峰期，选用25%灭幼脲悬浮剂5 000倍液、20%氟苯虫酰胺水分散粒剂3 000倍液等化学药剂进行防治。

26.枇杷叶螨

学名：*Eotetranychus* sp.，属蛛形纲、叶螨科

为害特征：主要以成螨和若螨刺吸枇杷叶片汁液，叶片被害后出现黄色小斑点，并出现卷曲畸形状（图51）。

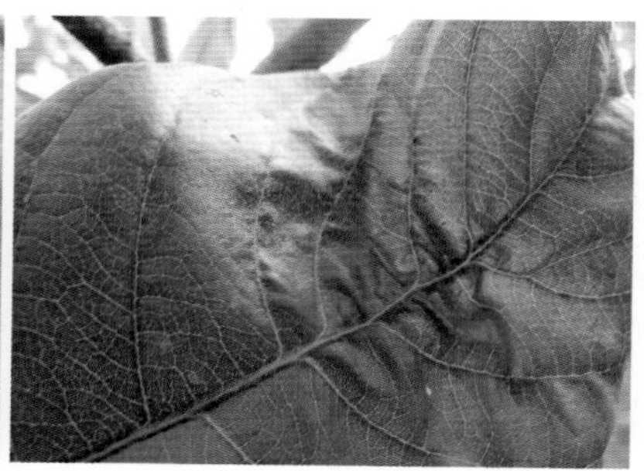

图51　叶螨为害状

形态识别：

成螨：体型较小，0.3 ～ 0.4毫米，双翼黑色，腹部有黄色斑纹

卵：长约0.12毫米，球形，初产时为乳白色，后为灰白色；

幼螨：近圆形，长约0.17毫米；

生活习性：枇杷叶螨1年发生约15代，以成螨和卵在叶背或枝条裂缝中越冬，翌年3 ～ 4月迁移到叶片或新梢上为害。在温暖、干旱的季节发生重，多雨不利于繁殖发育。

防治方法：

（1）生物防治　一是保护利用天敌，天敌主要包括食螨瓢虫、捕食螨等；二是选用0.5%藜芦碱可溶液剂300倍液进行喷雾防治。

（2）化学防治　发生严重时，喷施24%螺螨酯悬浮剂3 000倍液、99% SK矿物油乳油150倍液。

27.枇杷小爪螨

学名：*Oligonychus* sp.，属蛛形纲叶螨科。

形态识别：

成螨：体型较小，0.35～0.4毫米，椭圆形，体紫红色。

卵：呈球形，红色。

幼螨：呈圆形，鲜红至暗红色。

为害特征、生活习性、防治方法参见枇杷叶螨。

28. 蛞蝓

学名：*Agriolimax agrestis*（L.），属柄眼目蛞蝓科。

为害特征、形态识别（图52）、生活习性、防治方法参见杨梅蛞蝓。

图52 蛞 蝓

樱　桃　篇

一、樱桃病害

（一）侵染性病害

1. 褐斑病

病原：有性阶段为*Mycosphaerella cerasella* Aderh.，属子囊菌门球腔菌属。无性阶段为*Pseudocercospora circumscissa* (Sacc) Liu&Guo。

病害识别：发病初期在叶片正面出现针头大小的黄褐色斑点，后病斑逐渐扩大为直径 2 ～ 5毫米大小的圆斑，边缘不明显，中心部分仍为黄褐色或浅褐色，边缘呈褐红色，后期叶片的病健交界处产生裂痕，病斑脱落，留下穿孔（图1）。该病引起早期落叶，严重时可导致秋季开花和产生新叶，树势衰弱，影响当年的花芽分化和来年的产量品质。

发生特点：病原菌以菌丝体在病叶上越冬，翌年春季产生子囊和子囊孢子，进

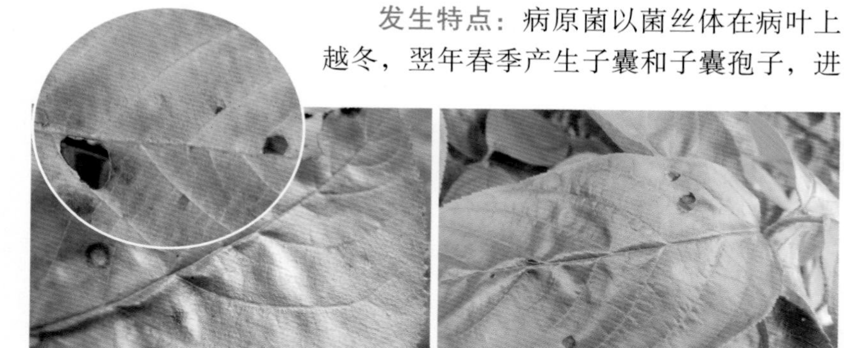

图1　褐斑病症状

行初侵染，并产生分生孢子，进行再侵染。发病程度与树势强弱、降水量、立园条件和大樱桃品种相关。树势弱、降水量大而频繁、地势低洼和排水不良、树冠郁闭通风差的果园发病重。

防治方法：

（1）农业防治　扫除落叶，减少病原，加强果园管理，提高树体抗病力。

（2）化学防治　谢花后至采收前，喷施80%代森锰锌600倍液、70%丙森锌600倍液、75%百菌清600～800倍液，发病初期喷施24%腈苯唑3 000倍液、43%戊唑醇2 500倍液、50%多菌灵600～800倍液、70%甲基硫菌灵600～800倍液。

2.炭疽病

病原： *Glomerella cingulata* (Stoneman) Spaulding Schrenk，属子囊菌门小丛壳菌属。

图2　炭疽病症状

病害识别： 该病主要为害樱桃果实，也可为害叶片、新梢。幼果被害后，病斑呈暗褐色，病部凹陷、硬化，发育停止，成熟果实被害后，病斑凹陷，湿度大时病部会形成带有黏性的黄色孢子堆，部分果实受害会形成僵果（图2），叶片被害后，出现红褐色圆斑，后逐渐扩大，后期病斑中央变灰白色，提前落叶。

发生特点： 以菌丝体或分生孢子器在枝梢、僵果等病残体中越冬，翌年气温回升时，降雨后产生大量分生孢子，随风雨及昆虫传播，降雨频繁、田间湿度大易发病。

防治方法：

（1）农业防治　注意田园清洁工作，及时剪除病枝、清扫落叶及摘除病果等，将病残体带园外集中烧毁，同时增施有机肥，增强树势，提高抗病能力。

（2）化学防治　在樱桃花谢7天后，每隔10天喷1次杀菌剂，可选用25％咪鲜胺乳油1 000 ～ 1 500倍液、25％咪鲜胺水乳剂1 000 ～ 1 500倍液、50％咪鲜胺锰盐可湿性粉剂1 500倍液等药剂。

3. 细菌性穿孔病

病原： *Xanthomonas campestris* pv. pruni (Smith) Dye，属黄单胞菌属。

病害识别： 叶片、枝条、果实均可发病。叶片染病后初期出现半透明淡褐色水渍状小点，后逐渐扩大成紫褐色至黑褐色圆形或不规则形病斑，边缘角质化，病斑周围有水渍状淡黄色晕环，后期病斑干枯，病斑脱落形成穿孔（图3）。

果实染病后果面出现暗紫色中央稍凹陷的圆斑，边缘水渍状。天气干燥时，病斑及其周围呈裂开状，露出果肉，易被腐生菌侵染引起果腐。枝

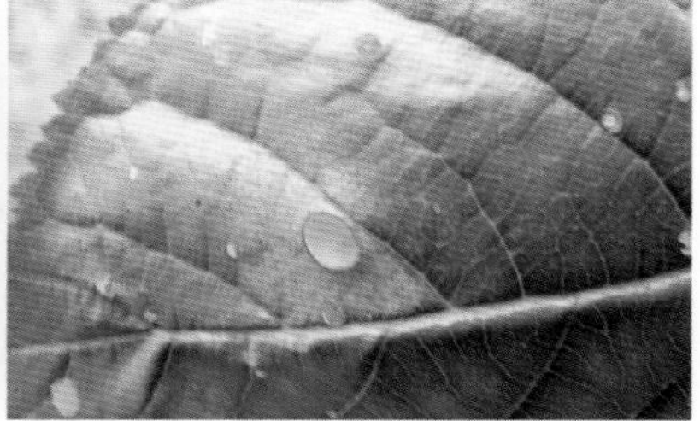

图3　细菌性穿孔病病叶

条染病后，生成溃疡斑，春季枝梢上形成暗褐色水渍状小疱疹块，可扩展至1 ～ 10厘米，夏季嫩枝上产生水渍状紫褐色斑点，多以皮孔为中心，圆形或椭圆形，中央稍凹陷。

发生特点： 病原菌在落叶或枝条病组织（主要是春季溃疡病

斑）内越冬。翌年随气温升高，潜伏在病组织内的细菌开始活动。樱桃开花前后，细菌从病组织中溢出，借助风、雨或昆虫传播，经叶片的气孔、枝条和果实的皮孔侵入。叶片一般于5月中下旬发病，夏季如干旱，病势进展缓慢，到8～9月秋雨季节又发生后期侵染，常造成落叶。温暖、多雾或雨水频繁，适于病害发生。树势衰弱或排水不良、偏施氮肥的果园发病常较严重。

防治方法：

（1）农业防治　一是加强果园管理，增施有机肥，避免偏施氮肥，注意果园排水，合理修剪，降低果园湿度，使通风透光良好；二是结合修剪，彻底清除枯枝、落叶等，集中烧毁；三是樱桃要单独建园，不要与桃、李、杏等核果类果树混栽。

（2）化学防治　发芽前喷波美5度石硫合剂，发芽后喷施72%农用链霉素可湿性粉剂3 000倍液或20%噻唑锌悬浮剂300倍液，每隔15天喷洒一次，连续喷2～3次。

4.黑斑病

病原：*Alternaria cerasi* Potebnia，无性型真菌。

病害识别：主要为害叶片、果实。叶片受害后，形成不规则紫褐色的病斑，后期病斑脱形成边缘褐色的穿孔，部分老叶受害后形成焦枯状。果实被害后，在果面形成黑斑（图4），湿度大时黑斑上有黑色的霉层。

图4　黑斑病早期病果

发生特点：该病原菌以菌丝体或分生孢子在病残体中越冬，翌年4月借雨水、风或昆虫传播，形成再侵染。通风不良、低洼积水的果园易发生。

防治方法：

（1）农业防治　一是增施磷、钾肥及有机肥，增加树势；二是结合冬季清园修剪，清除病残体。

（2）化学防治　在樱桃花谢7天后，每隔10天喷1次杀菌剂，可选用25%咪鲜胺乳油1 000 ～ 1 500倍液、25%咪鲜胺水乳剂1 000 ～ 1 500倍液、50%咪鲜胺锰盐可湿性粉剂1 500倍液等药剂。

5. 白粉病

病原： *Podosphaera tridactyla* (Wallr.) de Bary，属子囊菌门白粉菌科。

病害识别： 叶片、果实均可发病。叶片染病后，叶面上呈现白色粉状菌丛（图5），菌丛中呈现黑色小球状物，即病原菌的闭囊壳。果实染病后，果面出现白色圆形粉状菌丛，后来病斑逐渐扩大，后期果实病斑及附近表皮组织变浅褐色，病斑凹陷、硬化或龟裂。

图5　白粉病叶片症状

发生特点： 病原菌以闭囊壳越冬，翌年春季释放出子囊孢子进行初侵染，形成分生孢子后进一步扩散蔓延。

防治方法：

（1）农业防治　冬季清理果园，扫除落叶，集中烧毁，降低越冬菌源基数。

（2）化学防治　发病初期，可选用80%硫磺水分散粒剂800倍液或40%腈菌唑可湿性粉剂或50%醚菌酯水分散粒剂4 000倍液，喷施1 ～ 2次。

6. 灰霉病

病原：*Botrytis cinerea* Pers.，无性型真菌。

病害识别：主要为害樱桃花序、叶片、果实及新梢。花序受害后，花瓣脱落；叶片和果实受害后，受害部位出现油浸状斑点，逐渐扩大呈不规则大斑，叶片脱落，果实逐渐变褐、腐烂（图6）；新梢受害后，病部变褐色并稍呈萎缩状并枯死，其上产生灰色毛绒霉状物。

图6　灰霉病果实症状

发生特点：该病原菌以菌丝体或分生孢子在病残体中越冬，翌年春季产生分生孢子，借风雨、昆虫媒介传播，阴雨有利于病害的发生及传播。

防治方法：

（1）农业防治　冬季清园，清除果园中病残体，集中烧毁或深埋，减少越冬病原基数。

（2）化学防治　樱桃萌芽前，喷施波美4～5度石硫合剂，发病初期，喷施75%肟菌·戊唑醇水分散粒剂3 000倍液或24%腈苯唑悬浮剂3 000倍液或43%戊唑醇悬浮剂2 500倍液。

7. 木腐病

病原：*Polyporus* spp.; *Schizophyllum commune* Fries; *Fomes fulvus* (Scop.)

Gill.; *Poria vaillantii*(Dc.ex Fr.); *Cookeoriolus vericolor* (L.:Fr.)，又名心腐病，属担子菌门。

病害识别： 该病是五年生樱桃树上常见的一种病害，主要为害樱桃树的木质心材部分，使心材腐朽。主要症状是在虫伤口、机械损伤口或其他伤口长出圆头状的子实体，形状主要有半圆伞形，上部有轮纹，初始坚硬乳白色，后变为黄褐色，也有半圆扇状菌伞，周缘向下弯曲，有菌褶，呈千层菌状，颜色为灰白色（图7）。

图7　木腐病症状

发生特点： 该病病原菌主要通过机械伤口、虫伤口或其他伤口侵入，可以在受害树干上长期存活，子实体产生的担孢子随风雨传播，老龄树及长势弱的树易严重发生。

防治方法：

（1）农业防治　发现病树，立即铲除子实体，并用43%戊唑醇悬浮剂500倍液涂抹伤口，子实体带出园外集中烧毁。

（2）加强钻蛀性害虫的防治　特别是天牛、吉丁虫、木蠹蛾等钻蛀性害虫，减少其为害所造成的伤口。

8. 膏药病

病原： 褐色膏药病原菌 *Septobasidium tankae*，灰色膏药病原菌 *Septobasidium* Pedceiiatum，属担子菌门隔担子菌属。

病害识别： 该病通常在二年生以上的树干上发生，主要在背阴面的较粗的枝干，表现为圆形、椭圆形的菌膜组织，菌膜有灰色、褐色（图8）2种，灰色膏药病整个菌膜具有轮纹，比较平滑；褐色膏药病菌膜为茶褐色或紫褐色，边沿一圈有细白线，菌膜表面呈天鹅绒状，较厚。整个菌膜像膏药，故称“膏药病”，发病严重的树上，多个菌膜连成一片，包被了大部分树杆，导致树势衰弱、叶片发黄或枯死。

图8　膏药病症状
（赫章县植保植检站 提供）

发生特点： 该病与介壳虫常伴随发生。该病病原菌在枝干上越冬，翌年雨水充足时经介壳虫传播扩散发病。

防治方法：

（1）农业防治　冬季清园时，刮除菌膜，并涂抹波美5～6度石硫合剂。雨季来临时开沟排水，保持园内通风透光。

（2）化学防治　主要防治介壳虫。在介壳虫若虫盛发期，喷施24％螺虫乙酯悬浮剂4 000～5 000倍液、99％SK矿物油100～200倍液。

9.侵染性流胶病

病原：*Botryosphaeria berengeriana* de Not.，属子囊菌门。

病害识别：主要为害枝干，发病初期，病部表面湿润，呈现暗褐色凹陷状，下部皮层坏死、开裂，溢出胶液（图9），后皮层逐渐腐烂。前期溢出胶液呈淡黄色半透明的胶冻，后变为深褐色的琥珀状胶块。

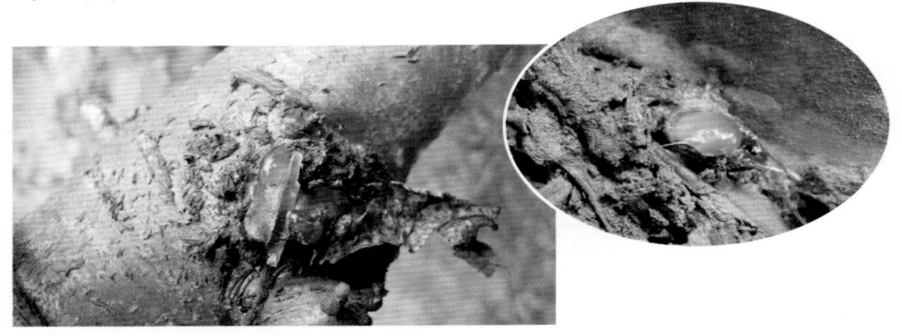

图9 细菌性流胶病流胶症状

发生特点：病原菌以菌丝体、分生孢子器、子囊座在被害枝条中越冬。翌年4月初产生分生孢子，通过雨水和风力传播，经机械伤口或皮孔侵入植株。枝干内潜伏病原菌的活动与温度和湿度有关，温暖多雨天气有利于发病，高温时病害发生受到抑制。

防治方法：

（1）农业防治 一是选择地势高、排水好的沙壤土建园；二是增施有机肥，适时追肥，提高树势；三是冬季修剪时，剪除病枯枝，带出园外烧毁；四是保护树体，防止冻害、日灼、虫害、机械损伤等造成伤口。

（2）化学防治 樱桃树萌芽前，喷施波美5度石硫合剂，发现流胶的位置，先将老皮刮除，再涂70%福美锌可湿性粉剂80倍液。发病初期喷施杀菌剂进行防治，可选用的药剂有80%代森锰锌可湿性粉剂600倍液、40%腈菌唑可湿性粉剂6 000倍液、43%戊唑醇悬浮剂3 000倍液。

10.腐烂病

病原：*Valsa prunastri* (Per.) Fr.，属子囊菌门黑腐皮菌属。

病害识别：主要为害植株主干及主枝。发病初期，病部稍凹陷，可见米粒大小流胶，流胶下树皮呈黄褐色，发病后期病斑表面生成钉头状灰褐色的突起（图10），病斑表皮下腐烂，湿度大时有黄褐色丝状物。

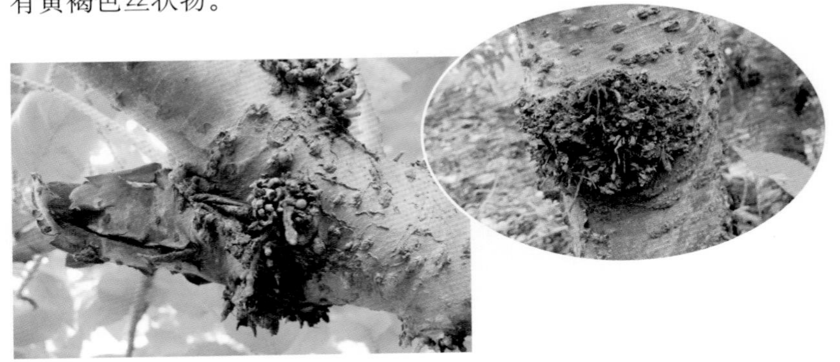

图10　腐烂病症状

发生特点：该病原菌属弱寄生菌，在树势较弱的植株上发病快，病原菌以菌丝体、子囊壳及分生孢子器在树干发病组织中越冬，翌年雨季来临时分生孢子借雨水传播，从植株伤口或皮口侵入，在树皮与木质部消解细胞，形成大量胶质孔隙，树皮裂开后，病部常发生流胶。春季至秋季发病较快。

防治方法：

（1）农业防治　加强栽培管理，多施有机肥，增强树势；刮涂病斑，发现病斑后用刀刮涂，并用70%甲基硫菌灵可湿性粉剂50倍液涂抹伤口，并再涂抹植物或动物油脂保护伤口。

（2）物理防治　冬季树干涂白。

11.褐腐病

病原：*Monilinia fructicola* (Winter) Honey，属子囊菌门核盘菌属。

病害识别：主要为害叶片、花、新梢、果梗与果实。叶片主要在展叶期受害，初期在叶片表面生成淡棕色病斑，后变棕褐色，表面有白色粉状物，后期叶片萎缩下垂。花器受害后，渐变成褐色，湿度大时表面形成一层灰褐色粉状物；该病蔓延到花梗、果梗及新梢上后，形成溃疡斑，病斑长圆形，中央稍凹陷，灰褐色，边缘紫褐色，常发生流胶。果实生育期均可发病，以近成熟的果实为害重。幼果受害后，表面形成淡褐色小斑点，病斑逐渐扩大，颜色变为深褐色，成熟果实发病后，初期表面生成淡褐色小斑点，迅速扩至全果，全果软腐，病斑表面产生大量灰褐色粉状物（图11）常呈同心轮纹状排列，即病原菌的分生孢子团。

图11　褐腐病果实症状

发生特点：该病病原菌以菌核或菌丝体在病僵果、病枝或病叶中越冬，翌年气温回升时，产生子囊孢子和分生孢子，借风雨或气流传播，从寄主植物的气孔、皮孔、伤口侵入。

防治方法：

（1）农业防治　一是加强果园管理，增施有机肥，合理负载，增强树势；二是结合冬季清园及修剪工作，清除病残体，以消灭越冬菌源。

（2）化学防治　树芽萌发前，均匀喷施波美4 ~ 5度石硫合剂，谢花后喷施2次杀菌剂，可选的药剂有50%异菌脲悬浮剂1 000倍液、70%甲基硫菌灵可湿性粉剂800倍液或43%戊唑醇悬浮剂3 000倍液。

12. 根癌病

病原：*Agrobacterium tumefaciens* (Smith et Townsend) Conn. 属

薄壁菌门土壤杆菌属。

病害识别： 在根颈部、根部（图12）及地上部位（图13）发生癌瘤。初为灰白色，内部松软，后增大变褐，表面粗糙不平，导致树势生长衰弱，叶小黄薄，新梢生长不良，病原菌由伤口侵入。

图12　根癌病根部症状

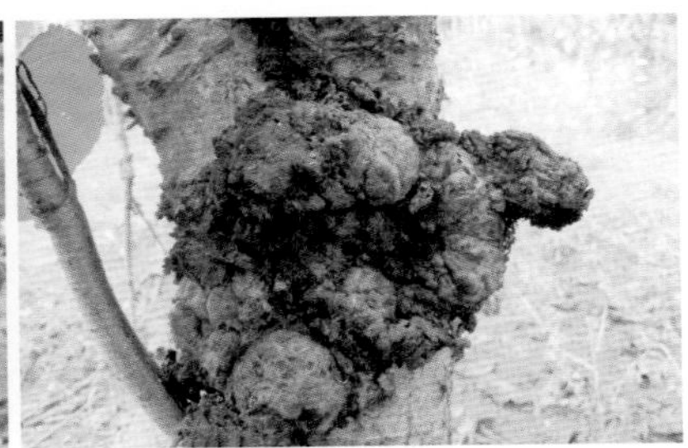

图13　根癌病主干症状

发生特点： 该病原菌随病残体在土壤中越冬，主要是通过雨水、灌溉水或田间操作进行传播,远距离主要通过带菌苗木、接穗等传播。

防治方法：

（1）农业防治　选用抗病力强的砧木，苗木出圃前要进行检查，剔除病苗。

（2）化学防治　苗木定植前，对接口以下部位用1%硫酸铜液浸5分钟，再放入2%石灰水中浸泡1分钟。定植后发现癌瘤时，先用刀切除癌瘤，再用20%噻唑锌悬浮剂50倍液涂抹伤口，外涂凡士林保护，也可用生物制剂灌根。

13.病毒病

病原：为害樱桃的病毒多达40多种，主要的种类有李矮缩病毒（PDV）、李属坏死环斑病毒（PNRSV）、苹果褪绿叶斑病毒（ACLSV）、樱桃卷叶病毒（CLRV）等。

病害识别：病毒能为害樱桃整个植株，不同的病毒引起的症状不同，李属坏死环斑病毒（PNRSV）表现症状常为叶片呈现破碎状及耳突，部分坏死或提前脱落；李矮缩病毒（PDV）表现症状常为叶片畸形、黄花叶、褪绿环斑和坏死斑；樱桃卷叶病毒（CLRV）表现症状常为新梢和叶芽明显伸长、开花推迟且植株长势衰弱，叶片边缘向上卷起（图14），类似枯萎，部分叶片在生长时期会变成紫红色或产生浅绿色的环斑。感染病毒的植株苗木在嫁接时，成活率显著降低。病毒主要通过繁殖材料、嫁接、机械损伤、昆虫等多途径传播。

图14 病毒病症状

发生特点：植株感染病毒后，全株带毒，具有潜伏性，初期树体不表现明显的外部症状，难以察觉，能够通过苗木嫁接传播病毒，且会出现多种病毒同时侵染同一寄主的情况。

防治方法：

（1）农业防治　一是铲除毒源，樱桃感染病毒病后难以治愈，发现病株后立即铲除植株，并在园外销毁；二是使用无病毒繁殖材料，建立隔离区培育健康苗木。

（2）控制传毒媒介　及时防治叶蝉、蚜虫等害虫，避免通过这些害虫传播病毒。

（3）化学防治　初发病时，每7天喷施1次1%香菇多糖水剂750倍液，连施2～3次。

（二）非侵染性病害

1.生理性流胶病

病害识别：流胶病主要发生于主干、主枝，从伤口或裂口处流出乳白色半透明胶体黏液，并逐渐变黄呈琥珀色，对树体发育影响较大，严重时，可使树势衰弱、枝干死亡。

发生特点：高温、高湿环境下该病易重发生。病害、虫害、冻害、机械伤等造成的伤口是引起流胶病的重要因素，同时修剪过度、施肥不当、水分过多、土壤理化性状不良等也可引起流胶。

防治方法：

（1）农业防治　增施有机肥，防止旱、涝、冻害，加强蛀干害虫防治，修剪时尽量减少伤口，避免机械损伤。

（2）化学防治　喷施0.136%芸薹·吲乙·赤霉酸可湿性粉剂等增强树势，提高树体自身抵抗能力，在伤口处涂抹1.5%噻霉酮或78%波尔·锰锌或50%氯溴异氰脲酸，并全园喷雾。

（3）物理防治　树干涂白，预防日灼。

2.裂果病

病害识别：在果实膨大期时，久旱骤降雨或连续降雨，使果肉细胞吸水后迅速膨大，出现不同程度的果肉和果核外露（图15），易染病原菌和招致虫害。

图15 果肉开裂

发生特点：与降雨量、品种、土壤条件等因素有关，果实开始着色前后，遇连续降雨或久旱骤降雨或大量灌水易发生。

防治方法：

（1）选用不易裂果的品种。

（2）选择在沙壤土上建果园。

（3）合理调节土壤水分，果实进入膨大期后，土壤不可过干或过湿。

3.畸形果

图16 畸形果

病害识别：主要表现为单柄联体双果（图16）、三果，影响樱桃的外观品质。在花芽分化期间，高温可引起翌年出现畸形果的发生。

发生特点：花萼原基和花瓣原基分化的时期温度高、花芽分化期土壤干旱以及乙烯利的使用均能够引起畸形果的发生。

防治方法：

（1）农业防治 选择适宜的品种；及时摘除畸形花、畸形果。

（2）物理防治 花芽分化时可以使用遮阳网进行短期降温。

二、樱桃害虫

1.黑腹果蝇

学名：*Drosophila melanogaster* Meigen，属双翅目果蝇科。

为害特征：黑腹果蝇产卵于樱桃果实上，以孵化后的幼虫蛀食为害成熟果实，受害果实汁液外溢和落果（图17），使产量下降，品质降低，影响鲜销和贮存。

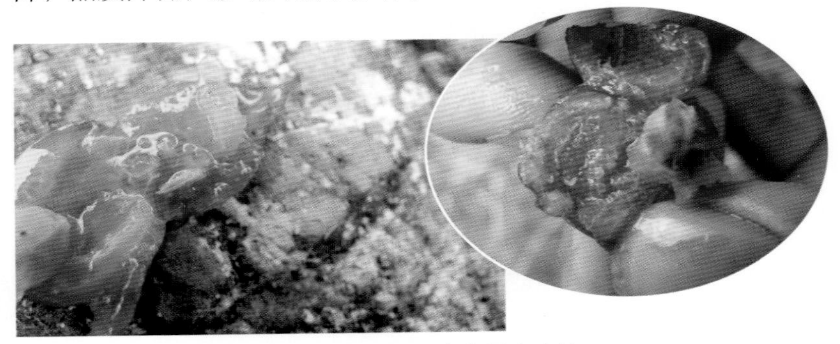

图17　黑腹果蝇为害果实症状

形态识别（图18和图19）、生活习性、防治方法，参见杨梅黑腹果蝇。

图18　黑腹果蝇成虫

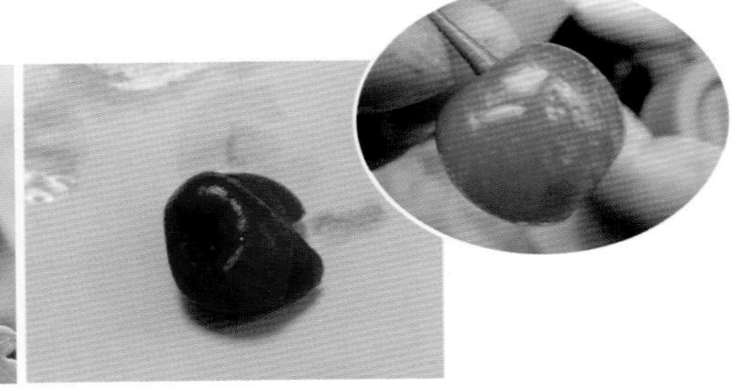

图19　黑腹果蝇幼虫

2.樱桃瘿瘤头蚜

学名：*Tuberocephalus higansakurae* Monzen，属半翅目蚜科。

为害特征：主要以若虫、成虫为害樱桃叶片。叶片受害后形成向正面肿胀凸起的伪虫瘿（图20），初略呈红色，后变枯黄（图21），5月底发黑、干枯，影响樱桃生产。

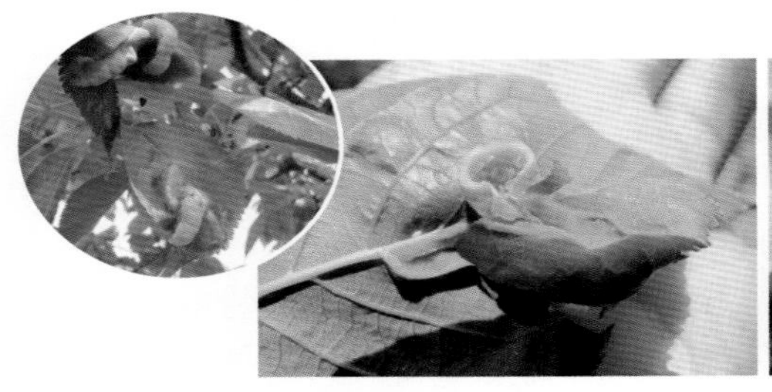
图20　伪虫瘿

图21　伪虫瘿变枯黄

形态识别：

成虫：无翅孤雌蚜的头部呈黑色，胸、腹背面为深色，各节间色淡，节间处有时呈淡色。体表粗糙，有颗粒状构成的网纹，额瘤明显，内缘圆外倾，中额瘤隆起，腹管呈圆筒形，尾片短圆锥形，有曲毛3～5根；有翅孤雌蚜的头、胸呈黑色，腹部呈淡色。腹管后斑大，前斑小或不明显。

卵：长椭圆形，深紫色至黑色。

若蚜：体小，与无翅胎生雌蚜相似。

生活习性：1年发生多代。以卵在幼嫩枝上越冬，春季萌芽时越冬卵孵化成干母，于3月底在大樱桃叶端部侧缘形成花生壳状伪虫瘿，并在瘿内发育、繁殖，4月底虫瘿内出现有翅孤雌蚜并向外迁飞。

防治方法：参见杨梅梨二叉蚜。

3. 中国梨木虱

学名：*Psylla chinensis* Yang et Li，属半翅目木虱科。

为害特征、形态识别（图22）、生活习性、防治方法，参见杨梅梨木虱。

图22 中国梨木虱成虫

4. 八点广翅蜡蝉

学名：*Ricania speculum* (Walker)，属半翅目广翅蜡蝉科。

为害特征、形态识别、生活习性、防治方法，参见杨梅八点广翅蜡蝉。

5. 桑盾蚧

学名：*Pseudaulacaspis pentagona* (Targioni-Tozzetei)，属半翅目盾蚧科。

为害特征（图23）、形态识别、生活习性、防治方法，参见枇杷桑盾蚧。

图23 桑盾蚧为害状

6. 梨冠网蝽

学名：*Stephanitis nashi* Esaki et Takeya，属半翅目网蝽科。

为害特征：以成虫、若虫群集在叶背叶脉附近取食，被害叶初期出现黄白色小斑点，严重时斑点扩大，叶片苍白。若虫的分泌物和排泄物污染叶片，形成黄褐色锈斑，利于霉菌滋生。

形态识别：

成虫：体长3.3 ～ 3.5毫米，扁平，暗褐色。头小、复眼暗黑，触角丝状，翅上布满网状纹。前胸背板隆起，向后延伸呈扁板状，盖住小盾片，两侧向外突出呈翼状。前翅合叠，其上黑斑构成“X”形黑褐斑纹。虫体胸腹面黑褐色，有白粉。腹部金黄色，有黑色斑纹。足黄褐色。

卵：长椭圆形，长约0.6毫米，稍弯，初呈淡绿色，后逐渐变为淡黄色。

若虫：暗褐色，翅芽明显，外形似成虫，头、胸、腹部均有刺突。

生活习性：1年发生3 ～ 4代，以成虫在树干翘皮下、裂缝内、杂草、落叶或石块下越冬。翌年果树发芽后开始出蛰。成虫先在树冠下部的叶片上取食，以后逐渐向树冠上部扩散。

防治方法：

（1）农业防治　10月上旬开始，在树上束草把，诱集成虫越冬，入冬后或翌年成虫出蛰前解下草把和枯枝落叶一并烧毁。

（2）生物防治　选用1%苦皮藤素水乳剂300倍液进行防治。

（3）化学防治　越冬成虫出蛰期和第一代若虫发生期是重点防治时期，可选用2.5%溴氰菊酯乳油3 000倍液，或10%吡虫啉可湿性粉剂1 000 ～ 1 500倍液，或3%啶虫脒乳油1 500倍液喷雾防治。

7.黄刺蛾

学名：*Cnidocampa flavescens* (Walker)，属鳞翅目刺蛾科。

为害特征、形态识别、生活习性、防治方法，参见枇杷黄刺蛾。

8.梨小食心虫

学名：*Grapholitha molesta* (Busck)，属鳞翅目卷蛾科。

为害特征、形态识别、生活习性、防治方法，参见枇杷梨小食心虫。

9. 大蓑蛾

学名：*Clania variegata* Snellen，又名大袋蛾，属鳞翅目蓑蛾科。为害特征、形态识别、生活习性、防治方法，参见杨梅大蓑蛾。

10. 桃剑纹夜蛾

学名：*Acronicta incretata* Hampson，又名苹果剑纹夜蛾，属鳞翅目夜蛾科。

为害特征：以幼虫为害，初龄幼虫群集于叶背取食上表皮和叶肉，仅留下表皮和叶脉，受害叶片下表皮呈网状。幼虫稍大后将叶片食成孔洞和缺刻。影响叶片光合作用，削弱樱桃树势。

形态识别：

成虫：体长18 ~ 20毫米，翅展42 ~ 46毫米，体灰褐色，前翅基线仅见前缘2条黑褐色剑状纹，内线黑褐色，双线，波浪形曲折外斜，中线前缘有1条深褐色外斜剑状纹，外线肾纹前方有2条黑褐色条纹，亚端线黑褐色，单线锯齿形。

卵：半球形，直径约1毫米，乳白色。

幼虫：体长约40毫米，体背有1条橙黄色纵带，两侧每节有1对黑色毛瘤，腹部第1节背面为一突起的黑毛丛。

蛹：长10 ~ 20毫米，棕褐色有光泽，腹部末端有8个钩刺。

生活习性：1年发生2代，以蛹在树杆缝隙或土壤表层越冬，成虫出现于8月间，昼伏夜出，对糖液、光有趋性，成虫分散产卵于叶面，孵化后幼虫分散取食。

防治方法：

（1）农业防治　秋后深翻树盘和刮粗翘皮，消灭越冬蛹，减少翌年发生量。

（2）物理防治　利用趋光性，成虫发生期设置环保防护型黑光灯或频振式杀虫灯在夜间诱杀成虫，减少虫源基数。

（3）生物防治　一是加强对蜻蜓、蜘蛛、步甲、微小花蝽、螳螂、黑蚂蚁、猎蝽、赤眼蜂、草蛉和鸟类等天敌的保护；二是幼虫孵化盛期喷施生物农药，可选用16 000国际单位/毫克苏云金杆菌可湿性粉剂600倍液、1.8%阿维菌素乳油（40 ～ 80毫升/亩）、0.3%印楝素乳油1 000 ～ 2 000倍液喷洒等生物药剂进行防治。

（4）化学防治　低龄幼虫期，发生严重时，选用2.5%溴氰菊酯乳油2 500倍液，或10%氯氰菊酯2 000倍液进行防治。

11. 铜绿丽金龟

学名：*Anomala corpulenta* Motschulsky，属鞘翅目丽金龟科。

形态识别、为害特征、生活习性、防治方法，参见杨梅铜绿丽金龟。

12. 金缘吉丁虫

学名：*Lampra limbata* Gebler，属鞘翅目吉丁虫科。

为害特征：主要为害枝干，以幼虫蛀入枝干为害，从树皮蛀入，后深入木质部，被害枝干蛀道被虫粪塞满，严重时致树枯死。

形态识别：

成虫：体长13 ～ 16毫米，翠绿色，有金属光泽，前胸背板上有5条蓝黑色条纹，翅鞘上有10多条黑色小斑组成的条纹，两侧有金红色带纹。

卵：长约2毫米，扁椭圆形，初产时为乳白色，后变为黄褐色。

幼虫：老熟后长约30毫米，由乳白色变为黄白色，全体扁平，头小，前胸第一节扁平肥大，上有黄褐色“人”字纹，腹部逐渐细长，节间凹进。

蛹：长15 ～ 20毫米，体色乳白色至淡绿色。

生活习性：1年发生1代，以大龄幼虫在皮层越冬。翌年早春越冬幼虫继续在皮层内串食危害。5 ～ 6月陆续化蛹，6 ～ 8月上旬成虫羽化。成虫有喜光性和假死性，产卵于树干或大枝粗皮裂缝中，以阳面居多。卵期10 ～ 15天。

防治方法：

（1）农业防治　冬季人工刮除树皮，消灭越冬幼虫，及时清除死树，死枝，减少虫源，成虫期利用其假死性，于清晨振树捕杀。

（2）化学防治　成虫羽化出洞前用药剂封闭树干，从5月上旬成虫即将出洞时开始，每隔10 ～ 15天用90%晶体敌百虫600倍液或48%毒死蜱乳油800倍液喷施主干和树枝。

13. 星天牛

学名：*Anoplophora chinensis* (Forster)，属鞘翅目天牛科。

为害特征（图24和图25）、形态识别（图26）、生活习性和防治方法，参见杨梅星天牛。

图24　星天牛为害状

图25　星天牛为害致枝枯死

图26　星天牛幼虫

14. 樟蚕

学名：*Eriogyna* (*Saturnia*) *pyretoum* Westwood，属鳞翅目大蚕蛾科。

为害特征：以幼虫啃食叶片（图27），严重时可将叶片吃光，影响树木生长。

图27　樟蚕幼虫啃食叶片

形态识别：

成虫：雌蛾成虫体长32 ～ 35毫米，翅展约100 ～ 115毫米，雄蛾略小。体翅灰褐色，前翅基部暗褐色，外侧具1条褐条纹，条纹内缘略呈紫红色；翅中央有1

个眼状纹，翅顶角外侧有紫红色纹2条，内侧有黑褐色短纹2条；翅外缘黄褐色，其内侧有白色条纹。后翅与前翅略同。

卵：椭圆形，乳白色，初产卵呈浅灰色，长径2毫米左右，卵块表面覆有黑褐色绒毛。

幼虫：体长74 ~ 92毫米，初孵幼虫黑色，大龄幼虫头黄色，胴部青黄色，被白毛，各节亚背线、气门上线及气门下线处，生有瘤状突起，瘤上具黄白色及黄褐色刺毛。腹足外侧有横列黑纹，臀足外侧有明显的黑色斑块。

蛹：纺锤形，黑褐色，外被棕色厚茧。

生活习性：1年发生1代，以蛹在枝干、树皮缝隙等处的茧内越冬。羽化成虫于3月底至4月出现，成虫具有趋光性。

防治方法：

（1）农业防治　利用该虫蛹期长、结茧集中的特点，人工摘除茧，集中烧毁，减少越冬虫源。

（2）物理防治　利用成虫的强趋光性，在成虫羽化盛期，用频振式杀虫灯诱杀。

（3）生物防治　使用生物药剂防治，可选用400亿孢子/克球孢白僵菌可湿性粉剂（25 ~ 30克/亩）、100亿PIB/克斜纹夜蛾核型多角体病毒悬浮剂（60 ~ 80毫升/亩）等生物农药。

（4）化学防治　在低龄幼虫期可选用25%甲维·茚虫威水分散粒剂3 750倍液、80%杀单·氟酰胺可湿性粉剂600倍液、1%甲维盐乳油1 000倍液等。

15.苹小卷叶蛾

学名：*Adoxophyes orana* Fisher von Roslerstamm，属鳞翅目卷蛾科。

为害特征：以幼虫为害叶片，幼虫通过吐丝将叶片连缀在一起造成卷叶或将叶片整个卷曲（图28），虫体藏在其中取食为害。

形态识别（图29）、生活习性和防治方法，参见杨梅苹小卷叶蛾。

图28 苹小卷叶蛾将叶片卷曲

图29 苹小卷叶蛾幼虫

16. 古毒蛾

学名： *Orgyia antiqua* (Linnaeus)，属鳞翅目毒蛾科。

为害特征： 主要以幼虫为害芽、叶。幼虫孵化后群集在叶片背面啃食为害，二龄后开始分散为害，叶片受害后常成缺刻状或造成孔洞，发生严重时，樱桃嫩叶被取食完，仅留叶脉，并吐丝悬挂借风力传播扩散。

形态识别：

成虫：雌虫体约15 ~ 22毫米，翅退化，体呈椭圆形，灰色，体表有灰色和淡黄色的鳞毛。雄虫体小，体长约8 ~ 12毫米，体灰褐色，前翅黄褐色到红褐色。

卵：球形，白色。

幼虫：老熟幼虫体长约30 ~ 35毫米，体背刷状毛簇颜色为黄白色或茶褐色，前胸两侧各有1束黑色羽状长毛（图30）。

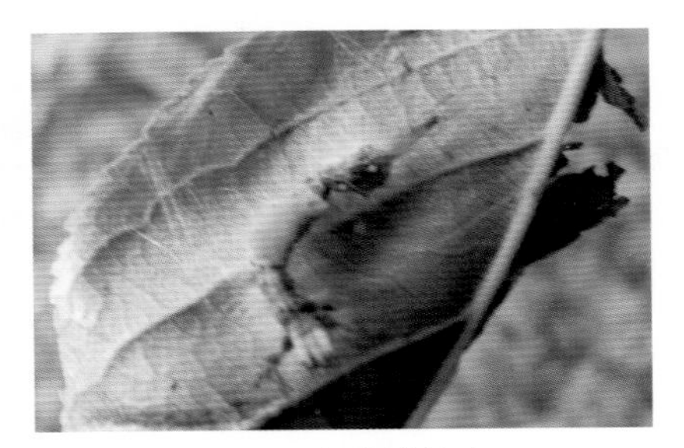

图30 古毒蛾幼虫

蛹：体长约为12 ~ 16毫米，纺锤形，初期黄白色，后变深灰色至黑色，蛹背隐约可见4丛毛刷。

生活习性： 1年发生2代，以卵越冬。第一代幼虫出现时间约在5月初至6月，第二代幼虫出现在6月下旬至8月上中旬。

防治方法：

（1）农业防治　冬季清园，剪除卵块，集中烧毁。

（2）物理防治　应用频振式杀虫灯诱杀成虫。

（3）生物防治　一是保护和利用赤眼蜂等寄生性天敌，二是使用生物药剂进行防控，可选用400亿孢子/克球孢白僵菌可湿性粉剂（25 ~ 30克/亩）、100亿PIB/克斜纹夜蛾核型多角体病毒悬浮剂（60 ~ 80毫升/亩）等生物农药。

（4）化学防治　在低龄幼虫盛发期可选用10%阿维·氟酰胺悬浮剂1 500倍液、1%甲氨基阿维菌素苯甲酸盐乳油1 000倍液等化学农药进行防治。

17. 双线盗毒蛾

学名：*Porthesia scintillans* (Walker)，属鳞翅目毒蛾科。

为害特征：以幼虫啃食叶片和新芽，严重时可以将整个叶片食光。

形态识别（图31）、生活习性、防治方法参见枇杷双线盗毒蛾。

图31　双线盗毒蛾幼虫

18. 油桐尺蠖

学名：*Buzura suppressaria Guenée*，属鳞翅目尺蛾科。

为害特征：以幼虫啃食植株叶片为害，可在短期内将叶片吃光，形似火烧，严重影响树势生长。

形态识别：

成虫：雌成虫体长23 ～ 25毫米，翅展50 ～ 64毫米，体灰白色，触角呈丝状；雄成虫体稍小，体灰白色，触角呈羽状。前翅白色，上散生有灰黑色小斑点，有3条黄褐色波状纹，腹部与足均呈黄白色，腹部未端有一丛黄褐色的短毛。

卵：直径约0.7 ～ 0.8毫米，椭圆形，初产时为蓝绿色，后变为灰褐色。

幼虫：低龄幼虫体灰褐色，三至四龄渐变为青色，背线、气门线白色。头部密生棕色小斑点，中央凹陷，两侧具角状突起。前胸背面生突起2个，腹面灰绿色（图32）。

图32　油桐尺蠖幼虫

蛹：长20 ～ 25毫米，黑褐色，头部有角状小突起2个。

生活习性：1年发生3代，以蛹在土表中越冬，翌年3 ～ 4月成虫羽化产卵，第一代幼虫发生为害期在5月中旬至6月中下旬，第二代幼虫发生为害期在7月上中旬至8月下旬，第三代幼虫发生9月下旬至11月中下旬。低龄幼虫喜欢在叶片尖部直立，啃食叶片边缘，三龄后，幼虫习惯在分枝处虫体拱起似桥状，蚕食叶片，发生重时可以啃光整个叶片。

防治方法：

（1）农业防治　冬季果园深翻土壤，减少越冬虫源。

（2）物理防治　果园安装频振式杀虫灯，诱杀成虫。

（3）生物防治　一是保护利用天敌，如螳螂、黄茧蜂等；二是在幼虫孵化高峰期，使用生物农药进行防治，可选用的有200UI/毫升苏云金杆菌悬浮剂（100 ～ 150毫升/亩）等生物农药。

（4）化学防治　可选用70％吡虫啉水分散粒剂3 000倍液、10％醚菊酯悬浮剂600 ～ 1 000倍液、2.5％溴氰菊酯乳油1 000 ～ 1 500倍液进行防治。

三、樱桃鸟害

为害特征：鸟也是为害樱桃果实的主要生物之一，主要在樱桃果实着色期啄食樱桃果肉（图33），同时鸟在啄食过程中边吃边挠的机械动作，造成大量落地果实，造成果实减产。

图33　鸟害症状

防治方法：人工驱鸟，在樱桃果实开始着色起，在果园里多置稻草人、彩旗、气球及彩带，起到恐吓及驱赶作用。

附录1 枇杷、杨梅、樱桃病虫害无害化治理技术

1967年联合国粮农组织（FAO）在罗马提出了“有害生物综合治理（IPM）”的概念：有害生物综合治理是对有害生物的一种管理系统，依据有害生物的种群动态及环境的关系，尽可能协调运用一切适当的技术和方法，使有害生物种群控制在经济危害允许水平之下。在此基础上，我们提出了无害化治理技术的概念。无害化治理技术是指利用农业、生态、物理、生物等病虫综合治理措施，来保障农业生产安全、农产品质量安全和生态环境安全。主要是指以频振式杀虫灯、诱虫色板、性诱剂、生物防治和生态控制等技术为主，化学防治技术为辅的治理技术。

一、产地栽培环境要求

果园应选择生态条件良好，远离污染源，并具有可持续生产能力的农业区域，产地环境空气质量、灌溉水质量、土壤环境质量要满足《农产品安全质量无公害水果产地环境要求》（GB/T 18407.2—2001）要求。

二、种苗要求

1. 杨梅种苗要求

种苗要选用无检疫性有害生物，外观无癌肿病等病虫为害症状，外观色泽正常，根系完整，嫁接口愈合良好，无机械损伤，

选用二年生共砧嫁接苗，地径以上10厘米处干粗0.8 ~ 1厘米，株高50 ~ 60厘米，有3 ~ 4个分枝。

2. 枇杷种苗要求

苗木分级指标见表1，优质枇杷生产基地不用二级以下苗木。

表1 枇杷苗木质量标准

项目	一级苗木		二级苗木	
	一年生苗	二年生苗	一年生苗	二年生苗
主根数(条)	≥4	≥4	≥3	≥3
根颈至顶芽高度(厘米)	≥50	≥70	40～50	≥50
距嫁接口上2厘米处粗(厘米)	≥0.8	≥1.0	0.6～0.8	≥0.8
叶数(片)	≥8	≥12	6～8	≥8

3. 樱桃种苗要求

选用一年生嫁接苗，株高80 ~ 100厘米，整形带芽健壮、饱满。苗木根系发达。苗木质量要求见表2。

表2 苗木质量基本要求

项目	要求
株龄	1年生
品种与砧木	纯度不低于98%
一级侧根数量（条）	≥4
一级侧根粗度（厘米）	≥0.3
一级侧根长度（厘米）	≥15
苗木高度（厘米）	80～100
苗木粗度（厘米）	0.8～1
整形带内饱满芽数（个）	≥6

三、肥料要求

禁止使用未经国家农业部或省级农业部门登记的化学和生物肥料，使用的人畜粪等厩肥应充分发酵腐熟，无活的蛆、蛹或新羽化的成蝇。肥料使用原则应符合《肥料合理使用准则 通则》(NY/T 496—2002）规定。

四、病虫无害化综合治理技术

1.严格植物检疫措施

对新建果园，在苗木引进时严格种苗的植物检疫措施，严防检疫性病虫的传入为害，对发现检疫性有害生物的果园严格按照检疫措施进行处置。

2.优先推广应用农业防治技术

农业防治技术主要是结合栽培管理，通过修剪、刮除病残体(图1)、清洁果园、施肥、翻土、疏花疏果等来减少病虫害基数。主要做法：一是确保选用健壮、无受病虫为害的种苗；二是开展健身栽培，选择地势干燥、排灌便利的园地，对于地势低洼、排水不良的果园，应做好开沟排水工作；合理施肥，促使果树生长健壮；合理培养树冠；三是做好冬季清园工作（图2)，结合修剪

图1 刮除病残体

图2 焚烧植株残体

工作做好杂草、落叶、病残体以及各种害虫的越冬虫囊、虫体的清除，并进行烧毁或深埋处理，减少病虫源。

3.物理控害技术

图3 频振式杀虫灯诱杀

物理控害技术是指利用害虫对光、色、食物源等物理特性的趋性，包括诱杀、捕捉、阻隔等技术，降低害虫的为害。主要方法有：一是使用频振式杀虫灯诱杀害虫成虫（图3），电源式频振式杀虫灯平地果园3公顷（山地果园2公顷）安装1台，太阳能频振式杀虫灯平地果园6公顷（山地果园5公顷）安装1台；二是推广应用多功能房屋型害虫诱捕器（图4），集色板诱杀（图5）、食物源诱杀（图6）、性诱杀为一体，每亩挂置5 ~ 8个，对蚜科、木虱科、粉虱科及鳞翅目等害虫的成虫有较好的诱控效果；三是果树树干涂白驱避害虫产卵（图7）等。

图4 房屋型多功能诱捕器诱杀

图5 色板诱杀

图6 食物源诱杀

图7 树干涂白

4.生物控害技术

生物控害技术是指利用活体自然天敌、生物防治病虫害的技术，主要包括以虫治虫、以菌治虫、以菌治病、以鸟治虫等。主要的应用有：保护和利用赤眼蜂、黑卵蜂等天敌（图8），控制蚜科、鳞翅目等多种害虫，选用阿维菌素、苦参碱、印楝素、核型多角体病毒等生物源农药防治害虫（图9）。

图8 蜘蛛取食卷叶蛾虫卵

图9 生物源农药

5. 化学防治技术

在杂草防控、某种病虫害突然大面积爆发或可预测将来大面积爆发为害且无其他有效防控措施情况下使用，要求使用新型、低毒、低残留农药，使用时要掌握病虫害防治适期，在幼虫孵化高峰期或幼虫低龄期进行。果实成熟前30天，禁止喷施化学药剂。

附录2 杨梅、枇杷、樱桃病虫害防治无公害农药推荐及使用方法

序号	类别	通用名称	毒性	防治对象	用药浓度	使用方法
1	杀菌剂	78% 波尔·锰锌可湿性粉剂	低毒	枇杷：叶斑病、煤污病、轮纹病	600倍液	喷雾
2	杀菌剂	20%溴硝醇可湿性粉剂	低毒	杨梅：癌肿病、根腐病	1 000倍液	喷雾、灌根
3	杀菌剂	1.5%噻霉酮水乳剂	低毒	杨梅：癌肿病、根腐病	1 000倍液	喷雾、灌根
4	杀菌剂	80%硫黄水分散粒剂	低毒	杨梅：褐斑病 樱桃：白粉病	800倍液	喷雾
5	杀菌剂	45%咪鲜胺乳油	低毒	杨梅：褐斑病、炭疽病 枇杷：炭疽病 樱桃：炭疽病	1 000倍液	喷雾
6	杀菌剂	25%咪鲜胺水乳剂	低毒	樱桃：黑斑病	1 000～1 500倍液	喷雾
7	杀菌剂	50%咪鲜胺锰盐可湿性粉剂	低毒	樱桃：黑斑病	1 500倍液	喷雾

（续）

序号	类别	通用名称	毒性	防治对象	用药浓度	使用方法
8	杀菌剂	70%丙森锌可湿性粉剂	低毒	杨梅：褐斑病、煤污病 枇杷：叶斑病、煤污病、轮纹病 樱桃：褐斑病	600倍液	喷雾
9	杀菌剂	24%腈菌唑悬浮剂	低毒	杨梅：褐斑病、煤污病 枇杷：叶斑病、煤污病	3 000倍液	喷雾
10	杀菌剂	43%戊唑醇悬浮剂	低毒	杨梅：褐斑病 枇杷：叶斑病 樱桃：褐斑病、木腐病、褐腐病	2 500倍液	喷雾
11	杀菌剂	50%多菌灵可湿性粉剂	低毒	杨梅：褐斑病 枇杷：枝干褐腐病	600～800倍液	喷雾
12	杀菌剂	70%甲基硫菌灵可湿性粉剂	低毒	杨梅：褐斑病、白腐病 枇杷：枝干腐烂病 樱桃：褐斑病、褐腐病	600～800倍液	喷雾
13	杀菌剂	75%肟菌·戊唑醇水分散粒剂	低毒	杨梅：赤衣病、锈病、煤污病 枇杷：叶斑病 樱桃：灰霉病	3 000倍液	喷雾
14	杀菌剂	24%腈苯唑悬浮剂	低毒	杨梅：锈病 樱桃：褐斑病、灰霉病	3 000倍液	喷雾

（续）

序号	类别	通用名称	毒性	防治对象	用药浓度	使用方法
15	杀菌剂	40%腈菌唑可湿性粉剂	低毒	杨梅：炭疽病 枇杷：炭疽病 樱桃：炭疽病、白粉病、侵染性流胶病	5 000倍液	喷雾
16	杀菌剂	80%代森锰锌可湿性粉剂	低毒	枇杷：叶斑病、煤污病 樱桃：褐斑病、侵染性流胶病	600倍液	喷雾
17	杀菌剂	75%百菌清可湿性粉剂	低毒	樱桃：褐斑病	85～100克/亩	喷雾
18	杀菌剂	2%春雷霉素液剂	低毒	枇杷：花腐病	500倍液	喷雾
19	杀菌剂	50%异菌脲悬浮剂	低毒	樱桃：褐腐病	1 000倍液	喷雾
20	杀菌剂	40%嘧霉胺悬浮剂	低毒	枇杷：花腐病	1 000倍液	喷雾
21	杀菌剂	50%苯菌灵可湿性粉剂	低毒	枇杷：疫病	800～1 000倍液	喷雾
22	杀菌剂	20%噻唑锌悬浮剂	低毒	枇杷：细菌性褐斑病 樱桃：细菌性穿孔病、根癌病	300倍液	喷雾、灌根
23	杀菌剂	50%醚菌酯水分散粒剂	低毒	枇杷：枝干腐烂病	600倍液	涂刷
24	杀菌剂			樱桃：白粉病	4 000倍液	喷雾
25	杀菌剂	70%福美锌可湿性粉剂	低毒	樱桃：侵染性流胶病	80倍液	涂刷伤口
26	杀菌剂	10%多抗霉素可湿性粉剂	低毒	灰霉病、叶霉病、斑点落叶病、叶斑病等	500～600倍液	喷雾

（续）

序号	类别	通用名称	毒性	防治对象	用药浓度	使用方法
27	杀菌剂	1%香菇多糖水剂	低毒	病毒病	750倍液	喷雾
28	杀菌剂	72%农用硫酸链霉素可溶性粉剂	低毒	枇杷：细菌性褐斑病	1 000倍液	喷雾
29	杀菌剂			樱桃：细菌性穿孔病、根癌病		
30	杀菌剂	1 000亿孢子/克枯草芽孢杆菌可湿性粉剂	低毒	樱桃：白粉病、根腐病	70～84克/亩	喷雾
31	杀菌剂	1 %申嗪霉素悬浮剂	低毒	枇杷：疫病	1 000倍液	喷雾
32	植物生长调节剂	0.136%芸薹·吲乙·赤霉酸可湿性粉剂	低毒	增强树势，提高抗旱、抗冻等抗逆性，引导植株产生抗病能力	7 500～15 000倍液	喷雾、灌根
33	植物生长调节剂	40%乙烯利水剂	低毒	果实催熟	400～600倍液	喷雾
34	植物生长调节剂	40%赤霉酸可溶粒剂	低毒	果实增产	10 000～20 000倍液	喷雾
35	杀虫剂	25%灭幼脲悬浮剂	低毒	细蛾科	4 000～5 000倍液	喷雾
36	杀虫剂	20%虫酰肼悬浮剂	低毒	卷叶蛾类、夜蛾类	13.5～20克/亩	喷雾
37	杀虫剂	1.8%阿维菌素乳油	中等毒	细蛾科、卷叶蛾科、螨类、蚜科等	40～80毫升/亩	喷雾
38	杀虫剂	100亿孢子/升短稳杆菌悬浮剂	低毒	毒蛾科、瘤蛾科、刺蛾科	600～800倍液	喷雾

（续）

序号	类别	通用名称	毒性	防治对象	用药浓度	使用方法
39	杀虫剂	1.5%苦参碱可溶液剂	低毒	蚜科	300倍液	喷雾
40	杀虫剂	16 000国际单位/毫克苏云菌杆菌可湿性粉剂	低毒	夜蛾科、蓑蛾科、小卷叶蛾科	600～800倍液	喷雾
41	杀虫剂	400亿孢子/克球孢白僵菌可湿性粉剂	低毒	夜蛾科、蓑蛾科、小卷叶蛾科、叶蝉科等	25～30克/亩	喷雾
42	杀虫剂	200UI/毫升苏云金杆菌悬浮剂	低毒	尺蠖科	100～150毫升/亩	喷雾
43	杀虫剂	100亿PIB/克斜纹夜蛾核型多角体病毒悬浮剂	低毒	夜蛾科、蓑蛾科等	60～80毫升/亩	喷雾
44	杀虫剂	0.3%印楝素乳油	低毒	潜叶蛾科等	300～500倍液	喷雾
45	杀虫剂	0.5%藜芦碱可溶液剂	低毒	螨类等	300倍液	喷雾
46	杀虫剂	1%苦皮藤素水乳剂	低毒	蛾类、蝽科等	300倍液	喷雾
47	杀虫剂	70%吡虫啉水分散粒剂	低毒	蚜科、木虱科、粉虱科、蝽科等	3 000倍液	喷雾
48	杀虫剂	24%螺虫乙酯悬浮剂	低毒	介壳虫等	4 000倍液	喷雾
49	杀虫剂	24%螺螨酯悬浮剂	低毒	螨类等	3 000～4 000倍液	喷雾

（续）

序号	类别	通用名称	毒性	防治对象	用药浓度	使用方法
50	杀虫剂	99%SK矿物油乳油	微毒	介壳虫、螨类等	100～200倍液	喷雾
51	杀虫剂	50%氟啶虫胺腈水分散粒剂	低毒	介壳虫、蚜科、蝽科等	5 000倍液	喷雾
52	杀虫剂	10%醚菊酯悬浮剂	低毒	叶蝉科、蚜科等	600～1 000倍液	喷雾
53	杀虫剂	2.5%溴氰菊酯乳油	中等毒	叶蝉科、金龟子科等	1 000～1 500倍液	喷雾
54	杀虫剂	90%晶体敌百虫	中等毒	叶蝉科等	1 200倍液	喷雾
55	杀虫剂	25%噻嗪酮可湿性粉剂	低毒	叶蝉科等	1 000倍液	喷雾
56	杀虫剂	48%毒死蜱乳油	中等毒	介壳虫、叶蝉科、金龟子科、叶甲科、蚁科、吉丁虫科等	800～1 600倍液	喷雾、灌根
57	杀虫剂	10%联苯菊酯乳油	低毒	粉虱科、蛾类等	750～1 200倍液	喷雾
58	杀虫剂	25%灭幼脲3号胶悬剂	低毒	刺蛾类等	1 000～1 500倍液	喷雾
59	杀虫剂	20%氟苯虫酰胺水分散粒剂	低毒	小卷叶蛾科、大蚕蛾科、夜蛾科、蓑蛾科等	3 000倍液	喷雾
60	杀虫剂	10%阿维·氟酰胺悬浮剂	低毒	小卷叶蛾科、大蚕蛾科、夜蛾科、蓑蛾科等	1 500倍液	喷雾
61	杀虫剂	4.5%高效氯氰菊酯乳油	中等毒	小卷叶蛾、叶蝉科、蝽科等	600～750倍液	喷雾

（续）

序号	类别	通用名称	毒性	防治对象	用药浓度	使用方法
62	杀虫剂	2.5%高效氯氟氰菊酯乳油	中等毒	叶甲科、小卷叶蛾、叶蝉科、蝽科等	400～600倍液	喷雾
63	杀虫剂	1%甲氨基阿维菌素苯甲酸盐乳油	低毒	小卷叶蛾科、大蚕蛾科、夜蛾科、蓑蛾科等	1 000～1 500倍液	喷雾
64	杀虫剂	2.5%溴氰菊酯乳油	中等毒	蝽科、蚜科等	1 000～1 500倍液	喷雾
65	杀虫剂	52.25%氯氰·毒死蜱乳油	中等毒	叶甲科、木虱科、介壳虫等	1 500～2 000倍液	喷雾
66	杀虫剂	5%毒死蜱颗粒剂	中等毒	金龟子科等	1 000～2 000克/亩	喷洒地表
67	杀虫剂	5%辛硫磷颗粒剂	低毒	金龟子科等	1 000～2 000克/亩	喷洒地表
68	杀虫剂	6%四聚乙醛颗粒剂	低毒	同型巴蜗牛、野蛞蝓	200～400克/亩	拌土撒施
69	除草剂	41%草甘膦异丙胺盐水剂	低毒	果园杂草	183～366克/亩	喷雾
70	除草剂	30%草甘膦水剂	低毒	果园一年生杂草	250～500克/亩	喷雾
71	除草剂	77.7%草甘膦铵盐可溶粒剂	低毒	果园杂草	97～193克/亩	喷雾
72	除草剂	55%草甘膦铵盐可溶粒剂	低毒	果园杂草	260～320克/亩	喷雾
73	除草剂	25%百草枯水剂	中等毒	果园杂草	2 400～3 000毫升/公顷	喷雾

附录3 果树上不提倡使用的农药及禁用农药

1.不提倡使用的农药（中等毒性、注意农药使用的安全间隔期）：

杀虫剂：抗蚜威、毒死蜱、吡硫磷、三氟氯氰菊酯、氯氟氰菊酯、甲氰菊酯、氰氯苯醚菊酯、氰戊菊酯、异氰酸酯、敌百虫、戊酸氰醚酯、高效氯氰菊酯、贝塔氯氰菊酯、杀螟硫磷、敌敌畏等。

杀菌剂：敌克松（地克松、敌磺钠）、冠菌清等。

2.果树生产禁用的农药（高毒高残留）：

六六六、滴滴涕（DDT）、毒杀芬、二溴氯丙烷、杀虫脒、二溴乙烷、除草醚、艾氏剂、狄氏剂、汞制剂、砷类、铅类、敌枯双、氟乙酰胺、甘氟、毒鼠强、氟乙酰钠、毒鼠硅、甲拌磷、乙拌磷、久效磷、对硫磷、甲基对硫磷、甲胺磷、甲基异柳磷、氧化乐果、磷胺、特丁硫磷、甲基硫环磷、治螟磷、内吸磷、灭线磷、硫环磷、蝇毒磷、地虫硫磷、氯唑磷、苯线磷。

主要参考文献

蔡平，包立军，相入丽，等. 2005. 中国枇杷主要病害发生规律及综合防治[J]. 中国南方果树，34(3)：47-50.

蔡如希，刘绍斌. 1992. 枇把巨锥大蚜的初步研究[J]. 植物保护学报，10(3)：287-288.

陈福如，杨秀娟. 2002. 福建省枇杷真菌性病害调查与鉴定[J]. 福建农业学报，17(3)：151-154.

陈国贵，曹若彬. 1988. 批把灰斑病病原菌的鉴定[J]. 植物病理学报，18(4)：209-212.

陈顺立，李友恭，黄昌尧. 1989. 双线盗毒蛾的初步研究[J]. 福建林学院学报，9(1)：1-9.

戴芳澜. 1979. 中国真菌总汇[M]. 北京：科学出版社.

丁建云，谷天明，贾峰勇. 2008. 果园灯下常见昆虫原色图谱[M]. 北京：中国农业出版社.

董薇，宋雅坤，吴明勤，等. 2005. 大樱桃病毒病研究进展[J]. 中国农学通报，5(21)：332-335.

方华生，曹若彬. 1984. 杨梅癌肿病病原细菌的鉴定[J]. 浙江农业大学学报，10(3)：309-314.

方中达. 1998. 植病研究方法[M]. 北京：中国农业出版社.

高存劳，王小纪，张军灵，等. 2002. 草履蚧生物学特性与发生规律研究[J]. 西北农林科技大学学报：自然科学版，30(6)：147-150.

高日霞，陈景耀. 2011. 中国果树病虫原色图谱（南方卷）[M]. 北京：中国农业出版社.

郭建明. 2007. 樱桃新害虫黑腹果蝇的生物学特性[J]. 昆虫知识，44(5)：743-745.

李德友，陈小均，袁洁，等. 2011. 樱桃果蝇生物学特性观察及其防治药剂的筛选[J]. 贵州农业科学，39(8)：92-94.

李德友，袁洁，吴石平. 2011. 贵阳市大樱桃主要害虫种类调查与防治[J]. 贵州农业科学，39(2)：175-178.

李云瑞.2002.农业昆虫学（南方本）[M].北京：中国农业出版社.
梁森苗,黄建珍,戚行江.2006.杨梅病虫原色图谱[M].杭州：浙江科学技术出版社.
刘友接,张泽煌,蒋际谋,等.2011.枇杷幼果冻害调查[J].福建果树(118)：21-22.
刘又高,厉晓腊,金轶伟,等.2006.杨梅病虫害种类及其防治措施[J].中国南方果树,35(4)：46-48.
陆家云.1997.植物病害诊断[M].北京：中国农业出版社.
吕佩珂,高振江,张宝棣,等.1999.中国经济作物病虫原色图鉴[M].呼和浩特：远方出版社.
马恩沛,沈兆鹏,陈熙雯，等.1984.中国农业螨类[M].上海：上海科学技术出版社.
邱强.1994.原色桃、李、梅、杏、樱桃图谱[M].北京：中国科学技术出版社.
孙瑞红，李晓军.2012.图说樱桃病虫害防治关键技术[M].北京：中国农业出版社.
汪国云,沈强,徐贞禄,等.1998.浙江省杨梅主产区主要害虫的发生及其综合防治［J］.中国南方果树,27(2)：29-30.
王国平，陈景耀，赵学源，等.2001.中国果树病毒病原色图谱[M].北京：金盾出版社.
王秀兰,魏永江,徐秉良，等.1989.樱桃膏药病调查及防治研究简报[J].甘肃农大学报(1)：48-50.
魏景超.1979.真菌鉴定手册[M].上海：上海科技出版社.
伍律,金大雄,郭振中,等.1987.贵州农林昆虫志[M].贵阳：贵州人民出版社.
袁锋,张雅林,冯纪年.2006.昆虫分类学[M].2版.北京：中国农业出版社.
袁海滨,刘影,沈迪山,等.2004.绿尾大蚕蛾形态及生物学观察[J].吉林农业大学学报,26(4)：431-433.
张连合.2010.大蓑蛾的鉴别及发生规律研究[J].安徽农业科学,38(16)：8499-8500,8546.
张涛，吴云锋，曹瑛,等.2012.西安市樱桃病毒病调查及检测研究[J].中国南方果树,41(2)：29-31.
钟觉民.1985.昆虫分类图谱[M].南京：江苏科学技术出版社.

图书在版编目（CIP）数据

杨梅 枇杷 樱桃常见病虫害种类及其无害化治理 / 张斌，耿坤编著. —北京：中国农业出版社，2015.3
ISBN 978-7-109-20230-6

Ⅰ. ①杨… Ⅱ. ①张… ②耿… Ⅲ. ①杨梅—病虫害防治—无污染技术 ②枇杷—病虫害防治—无污染技术 ③樱桃—病虫害防治—无污染技术 Ⅳ. ①S436.6

中国版本图书馆CIP数据核字（2015）第043424号

中国农业出版社出版
（北京市朝阳区麦子店街18号楼）
（邮政编码 100125）
责任编辑 郭晨茜 张洪光

北京通州皇家印刷厂印刷 新华书店北京发行所发行
2015年4月第1版 2015年4月北京第1次印刷

开本：880mm × 1230mm 1/32 印张：4.25
字数：105千字
定价：20.00元
（凡本版图书出现印刷、装订错误，请向出版社发行部调换）